30

岁之前 活成 你想要的样子

刻意成长 行动指南

胃窦Elaine◎著

中国铁道出版社有限公司
CHINA RAILWAY PUBLISHING HOUSE CO., LTD.

内 容 简 介

　　本书是一本关于 20 到 30 岁年轻人刻意成长的实用指导书。全书集合作者本人 10 年横跨医学、法律、新闻、互联网等行业的成长经验，结合当前常用的思维模型和方法论，详细阐述多个行业通用的学习成长思维和工具，用"一半故事＋一半方法论"的创作模式，给到有梦想的年轻人具体落地的成长行动指南。文笔简练，深入浅出，是当代年轻人书案边常备的成长手册。

图书在版编目（CIP）数据

　　30 岁之前，活成你想要的样子：刻意成长行动指南 / 胃窦 Elaine 著 .—北京：中国铁道出版社有限公司，2022.5
　　ISBN 978-7-113-28777-1

　　Ⅰ.① 3… Ⅱ.①胃… Ⅲ.①成功心理－通俗读物 Ⅳ.① B848.4-49

　　中国版本图书馆 CIP 数据核字（2022）第 010095 号

书　　　名：30 岁之前，活成你想要的样子——刻意成长行动指南
　　　　　　30 SUI ZHIQIAN，HUO CHENG NI XIANGYAO DE YANGZI：KEYI
　　　　　　CHENGZHANG XINGDONG ZHINAN
作　　　者：胃窦 Elaine

策　　　划：张潇予　　　编辑部电话：（010）51873004　　　邮箱：Luckyuzhang@foxmail.com
责任编辑：张亚慧
编辑助理：张秀文
封面设计：宿　萌
责任校对：苗　丹
责任印制：赵星辰

出版发行：中国铁道出版社有限公司（100054，北京市西城区右安门西街 8 号）
印　　刷：中煤（北京）印务有限公司
版　　次：2022 年 5 月第 1 版　2022 年 5 月第 1 次印刷
开　　本：700 mm×1 000 mm　1/16　印张：14.75　字数：268 千
书　　号：ISBN 978-7-113-28777-1
定　　价：69.00 元

30 岁前，请让自己成为这种人

感谢你打开这本书，在正式阅读之前，我想先问你几个问题：

你今年几岁呢？

你想象过自己到 30 岁，会是什么样的画面吗？

事业蒸蒸日上？结婚了？有孩子？

你过上自己理想的生活了吗？

你不用着急回答我，你只需要问清楚你自己，问清楚你的内心。

一 | 你不逼自己一把，根本不知道自己有多优秀

和大部分人一样，在人生前 25 年的成长，我都是一种随波逐流的态度，没有计划地蒙头乱撞，撞上什么就是什么，即便取得一些小成绩，也经常依赖外部的运气和机会。

直到 25 岁那年，我选择"沪漂"，第一次对自己下狠手，刻意成长，收获到一个完全不一样的人生。

为此，我将这 10 年的成长，划分为三个重要阶段。

● 探索期：大学 5 年（2011—2016 年）

在大学那 5 年，是我增长学识、拓宽视野最重要的时期。

2011 年，农村出身的我，考上了省会城市的一所医学院校，第一次离开家乡，去往大城市求学。

大学期间，我主修医学和法律双专业，每天几乎把 1/3 时间都泡在图书馆，阅读过各种各样的书籍杂志，充实自己各方面的知识。

因为对文字感兴趣，机缘巧合成为《中国青年报》的实习记者，有机会去到全国各地做采访，结识了五湖四海优秀的朋友，见到了一个更大的世界。

你对人生的勇气，在于你行走的范围。至今，**我仍然感谢大学期间没有受限于所学的专业，而是在自己的能力范围内，努力去拓宽眼界和格局。**

一个人的眼界，决定他所能看到的世界。当你的视野被打开，才会发现原来生命可以拥有那么多种可能。

成长的开端，也就是相信自己拥有无限种可能。

● 迷茫期：毕业 2 年（2016 年 7 月—2018 年）

毕业那两年，是我人生至暗的迷茫时期。

和大部分刚走出象牙塔的大学生一样，我也不知道自己真正想要什么，误打误撞进入一家世界 500 强企业。

但在进入企业两个月后，我就知道那种一眼似可望到尽头的日子，实在不是我想要的人生。

于是，我开始走上一条新的道路——考研。但接连两次考研的失利，一度磨灭了我对人生所有的信心。

如同作家刘同所说的：**正在经历的孤独，我们称为迷茫。经过的那些孤独，我们称为成长。**

二十几岁，我们充满对事业、方向、梦想的迷茫。但**迷茫并不可怕，可怕的是就此停滞不前，不愿意去寻找答案。**

- **逆袭期："沪漂"3 年（2018—2021 年）**

2018 年，在接连经历国企"裸辞"、考研失利，我独自踏上"沪漂"寻找答案之路。

而接下来的 3 年，也是我成长最快的时期，几乎每一年都实现了阶段性的进步。

这 3 年里，我阅读过"1 000+"的书籍，购买过"100+"知识付费产品，和 200+ 的精英进行过深度交流，让自己快速蜕变。

这才有了一点点小成绩，逐渐活成自己想要的样子：专访过余秋雨、国家一级指挥家曹鹏、《奇葩说》辩手熊浩等各行业大咖，文章被人民日报、新华社等平台转载，写出了上百篇的"10 万 +"爆文，全网积累了"10 万 +"粉丝，受出版社邀约分享自己的成长经历。

以至于当初站在同一起跑线的同学再见面时，都笑称"士别三年，你的成长简直天翻地覆，我们都只有膜拜的份。"

自从去"北上广"，有机会接触许多牛人大咖，我开始重新思考人生，才恍然觉得当初的想法有多狭窄。

20 岁以后，格局的大小，视野的宽窄，才是人生的决定要素。你可以不读书、不冒险、不写作、不外出、不折腾，但是人生最后悔的事情就是：我本可以。

对于"90 后""00 后"来说，**如果你不在二十几岁的时候逼自己一把，刻意成长，根本不知道自己可以有多优秀，人生会有什么样的可能性。**

一 | 刻意成长，
才能逆风翻盘

在写本书之前，我曾发起过"天使读者"访谈，以及做过一个"百人助梦"计划（免费帮助 100 人做成长咨询）。据不完全统计，我和上百位 20 ～ 30 岁的年轻人进行深度访谈，发现在成长过程中，至少 40% 的人在迷茫期，50% 的人在自我怀疑期，10% 的人在无计划期。

迷茫期：没有目标，不喜欢自己的工作，没有动力；

自我怀疑期：觉得自己能力不行，想提升自己但不知道从何做起；

无计划期：有明确的目标，但是不知道具体该怎么去做。

不管你中了以上哪一点，其实都说明了一个问题：不少二十多岁的年轻人，看不清目标，没有方向、没有方法。

那么，如何破解这些成长的卡点，在 30 岁之前，成为自己想成为的人，答案只有四个字：刻意成长。

什么是刻意成长呢？有生活经验的人都知道，一株小树苗想要长成参天大树，必然离不开园丁在其生长过程中的修剪加工。一个人的成长也是如此，需要你在关键时刻逆着人性，丢掉暂时的安全感，去学习和掌握核心知识，才能收获一个不算太差的人生。大致可以总结为以下三步：

首先，你要觉察到自我的不足、待提升之处。

其次，你要走出舒适圈，找到可以解决不足之处的正确知识，不管是求教于人还是书本。

最后，通过刻意练习，实现刻意成长。

就像我在刚参加工作期间，当意识到朝九晚五的工作并不是我想要的理想生活。我选择带着极大的恐惧，去尝试人生新的可能性。

虽然我经历了两次考研的惨痛失败，后来又义无反顾地"沪漂"，反而让我找到成长的正确道路。再经过 3 年的刻意成长，让我现在拥有了足够的底气和能力，去迎接生活带给我的任何挑战。

千万不要小瞧刻意成长，见过很多人，经历过很多事情，你就会发现，20 ～ 30 岁，从时间维度上看只有 10 年；但从人生发展的角度看，其实是你的"一生"，因为它基本上决定了你所选择事业的方向，未来经济的基础，以及遇到美好婚姻的概率，丝毫经不起一点儿浪费。

三 | 成长模型，
让成功有迹可循

在即将步入三十而立的年龄，重新回顾这 10 年的成长，我深知，**成年人的世界里，哪有那么多逆袭，有的不过是有备而来、不甘平庸、敢闯敢拼的一腔孤勇而已。**

事实上，我一直不太理解的是，我们在学数学有课本的指南，学物理有老

师的指导，可在人生这么重要的事情上，却缺失了关于成长的教育和指导。

我们在读书的十几年中，非常熟悉学校的环境和应对方法，知道如何学习才能提高成绩，知道如何考试才能通关升级。可一旦走出"象牙塔"，就很少有人能给予指引，只能自己摸索前进，至于最后会探索出什么样的道路难以预测。

成长可以复制吗？

答案是，成长，从来都是有迹可循的。因为我们今天所获得的一切成就，都是站在巨人的肩膀上完成的。与其独自摸索着蹒跚前行，不如借助过来人的经验和智慧，照亮自己前进的路。

为此，我结合自己过往 10 年的成长，做过的 50+ 位大咖专访，以及上百位年轻人的咨询，总结出一个成长公式：

刻意成长模型 = 选择 × 能力 × 杠杆

在成长模式中，第一个重要因素，叫作选择。

J.K. 罗琳说，决定我们成为什么样的人，不是我们的能力，而是我们的选择。选择决定命运，那么是什么决定了选择呢？**支撑每一次选择的背后，是你对自我认知和对社会的认知。**

30 岁之前，你第一要紧的事情就是，通过认识你自己，找到核心优势。通过对社会认知的积累，找到行业机会，成为抓住时代红利的幸运儿。

如果说选择决定你的上限，那么决定你能走多远，就是你的个人能力。在刻意成长模型里，第二个重要因素就是能力。**所有真正厉害的人，都是在选择之后全力以赴，用思维能力、学习能力，让自己的选择变成最好的选择。**

除此之外，杠杆也是非常重要的因素。一个人的能力是有限的，可以借用工具，让你的成长加速；同时想要获得更大的成功，你必须借助一个神奇的东西——人际杠杆，将影响力复制放大。

因此，全书按照人生成长模式，分为六章，每一章都提供了具体的思维模式和方法论，能够帮助你迈出改变的步伐，突破你当前可能的或大或小的人生困境，去改写出一个不一样的人生。

在【定位篇】中，从我的个人故事出发，分享如何认知自我，找到定位。

在【思维篇】中，我将和你一起去探索人和人之间"最大的差距"，它不在于知识含量，也不在于经验，而在于思维能力。

在【学习篇】中，我将拆解高效的学习方法，帮你打通正确的学习路径。

在【人际篇】中，我将和你一起拆解复杂的社交关系，分享给你如何通过个人品牌吸引优质人际关系。

在【认知篇】中，我将从社会发展的角度来告诉你，想要过好人生需要升级哪些认知。

在【工具篇】中，我将和你分享提高效率的辅助方法，以及直接上手的高效工具，让你能够掌控人生。

我们的人生，就像是一场牌局。 每个人抽到的牌都不一样，但这已成为既定的事实，不重要了。

我们要做的，不是看见自己抽到的牌比别人差，就直接弃牌出局。而是要想办法尽最大努力打好自己手里的牌，在现有的基础上，靠"势必实现"的决心认真地活着，善良、勇敢、优秀，尽力活成自己想要的样子，让自己和所爱的人过得更好。

村上春树说，当暴风雨过去，你不会记得自己是如何度过的，你甚至不确定，暴风雨是否真正结束了，但你已不再是当初走进暴风雨的那个人，这就是暴风雨的意义。

当你在二十几岁，走过一段很难、很长的路，独自穿越暴风雨。那么恭喜你，30 岁后的人生，绚丽的彩虹会出现在天边，阳光会穿越云层普照大地，一切都会因为你而温暖明亮起来。

无论世界如何，我们都要向着阳光生长， 一步步成长为那个更坚强、更优秀、更耀眼的人，去照亮这个世界。

如何阅读本书，使你的收获最大化

1. 精细阅读

参考本书【工具篇】阅读一本书的方法论，精读本书，在空白处记录你的灵感。

2. 提出反思

阅读每一篇文章，请你回答以下三个问题：

我学到了什么新知识？

我改变了哪些旧知识？

接下来，我要怎样把学到的知识运用到生活当中去？

3. 写下感悟

结合你的过往经历和未来目标，写下每一章的学习感悟。

4. 交流互动

你可以把摘抄语录、反思回答、学习感悟，拍照发微博，加上标签 #30 岁之前，活成你想要的样子 #，并 @ 胃窦 Elaine，也可以关注公众号【胃窦 Elaine】，就能随时和我互动。

5. 建议多次阅读

本书建议阅读三遍，熟练掌握书中【精华回顾】总结的方法论。

目录

定位篇

古希腊阿波罗神庙上刻有一句箴言，"认识你自己"，这是关于每个人的根本命题。

二十几岁，向左走或向右走，大城市或小城镇，考研或工作，本专业或转专业，大平台或小公司？每一个选择看似波澜不惊，却可能影响和决定着你一生命运的走向。

如果说选择大于努力，那么是什么决定你的选择？支撑每一次选择的背后，是你的认知、价值观、原则。

这里其实蕴含三个终极问题："你是谁，你从哪里来，你要到哪里去？"

每个人都应该经常问问自己这三个问题。你对自我的认知越清晰，越会知道自己应该做出什么样的选择。

选择没有对错之分，重要的是看清自己，看清局势，确定你想要的，以及你能要的，然后找到一条你想走的路，坚定不移地走下去。

20 ～ 30 岁，我不过"无比正确的人生"

> **金句**
>
> 做对关键时刻的关键选择，人生就不会太差。
>
> ——胃窦

作家陶杰在《杀死鹌鹑的少女》中有一句话：

当你老了，回顾一生，就会发觉：**什么时候出国读书，什么时候决定做第一份职业，何时选定了对象而恋爱，什么时候结婚，其实都是命运的巨变。**

只是当时站在三岔路口，眼见风云千樯，你做出选择的那一日，在日记上，相当沉闷和平凡，当时还以为是生命中普通的一天。

都说一个人一生的命运，是其所有选择叠加的结果。可真正左右命运走向的，往往就是几个关键节点的选择，比如 18 岁选择求学的城市、所学的专业，25 岁选择未来一辈子从事的事业方向，28 岁选择后半生白头偕老的伴侣。

只有做对关键时刻的关键选择，人生才不会太差。

一、你的选择力，决定你的未来

心理学家荣格说，你的潜意识正在操控你的人生，你却称之为命运。

实际上，我们大部分人都在过着一种随意的人生，面对人生关键时刻的关键选择，要么"不选"，要么"假选"，要么"选错"。

"不选"，比较容易理解，就是面对这些关键选择，你稳如泰山，不做任何选择，只是凭着惯性，继续维系原来的生活和工作。

比如到了适婚的年龄，你也并非独身主义，但在行动上却从来没有积极过，不花时间扩大自己的社交圈，也从不主动跟有意向的人交流。别人给你介绍对象，你也从来没有放在心上，只是臆想着"天上能掉下个林妹妹"。

这种"不选"，其实也是一种选择：你选择了不面对。

第二个"假选"，就是你假装自己做过选择、做过努力了。

作家李尚龙《你只是看起来很努力》一书中，有一个例子用在这里很贴切。

一个女孩问李尚龙："老师你讲的题目我连答案都记得，可是为什么考了四次，四级还是考不过？"

李尚龙看着女孩满满的笔记，百思不得其解。

好长一段时间没有在课堂上见到女孩后，他才找到了答案。

女孩太忙了，忙着学生会，忙着积极参加校园活动，却唯独没有留出时间学习英语。

"匆匆做题目，草草对答案，随手抄解析"，就是女孩的英语学习状态。

是的，这个女孩也已经做出选择，要通过四级考试，但是她没有端正态度，没有意识到要达成目标是需要真正付出努力的。

你可以假装努力，但结果并不会陪你演戏。

以上两个分别是"不选"和"假选"，我们再看看虽然"真选"但却"选错"的例子。

我大学时期在中青报实习时，当时认识一位非常优秀的学长，他在毕业后加入传统报社。但随着那段时间移动互联网的迅速崛起，这位学长在工作几年后，面临重新择业的问题。

其实，所有的选择都是有成本的，这种成本不仅仅是时间成本、金钱成本，更是机会成本。还有就是后期纠错成本。

选择力不同的人，哪怕一开始差不多，最终的人生高度也会截然不同。

无论你承认与否，你目前的所有状况，是你过去选择的结果，你现在做的每一个选择，都决定了未来的走向。

二、做对人生重要的决策，少走弯路就是捷径

在写作本书之前，我发起了"天使读者"访谈项目，以及"百人助梦"（免

费帮助 100 人做成长咨询）计划，累计和上百位 20 ～ 30 岁的年轻人，进行过一对一的深度访谈，了解他们这个年龄段遇到的迷茫和困惑。大致总结如下：

在学业上，迷茫不知道喜欢什么，不喜欢当前的专业，但也不知道自己真正喜欢什么；是该好好搞学业，还是多参加一些社会实践呢？

在事业上，纠结毕业是要考研读博还是工作；是要接受小城市的安稳，还是去大城市闯荡；是去稳定的大企业，还是创业型的小公司？

在婚姻上，是先成家后立业，还是先立业后成家；是该听从父母的安排接受婚姻，还是勇敢追求所爱呢？

二十几岁，即便我们的成长轨迹有所不同，但遇到的问题却是大同小异。这些问题，几乎是 20 ～ 30 岁的年轻人成长路上总会遇到的"拦路虎"。

面对这些问题，作为过来人，当我重新审视自己在 20 ～ 30 岁期间，我发现我也是这样。

在学业上，高考填报志愿，原本喜欢文学的我，因为家里人说当医生不错，就鬼使神差地进了一所医学院校。

在事业上，毕业后面对着纷繁的选择，我一开始没有勇气选择自己喜欢的，而是随大流选择了安稳的工作。

在婚姻上，我在 28 岁以前更是选择直接略过。

成长 = 复盘 + 反思，现在回顾一路的成长，才发现自己的问题。但那个时候，没有人告知我，更没有人为我指明方向，以至于在一次次碰壁之后，才知道那叫作"弯路"。

年轻的时候，虽然不可避免地要走一些弯路，但弯路一旦走多了，尤其是关键节点的选择，你可能就很难抵达想要的目的地。

看别人的故事，走自己的路。善于从历史经验中找教训，善于从别人的教训中找经验，少走弯路就是成长的捷径。这也是我写作这本书的初衷，帮助有梦想的年轻人少走弯路，找到思维突破口，遇见"更好的自己"。

三、如何做出正确的决策

关于如何做好选择，我很喜欢小米创始人雷军在某次采访中说的一段话。

雷军：人生不要太多勉强，做自己喜欢做的事情，可能是最佳的选择。

主持人：如果不知道自己喜欢什么呢？

雷军：那就看直觉。

主持人：也没有直觉呢？

雷军：那就撞到什么干什么，这就是冥冥之中因缘注定的，这个人生就是这样，就是一场经历嘛。

雷军：你撞到了这个事情你不知道自己喜不喜欢，你先干了再说。你不喜欢，还可以改。不要怕选择，你不喜欢可以改。

主持人：应该总是怕选错，走弯路吧！

雷军：这个选错是必然的事，每个人都会有，做很多很多的选择，我觉得选择一定会出错。关键是提高选对的成功率，而不是怕选错，每个人一辈子，可能做了一千个选择，一万个选择。怎么在重要的选择上，不出错，或者少出错，这是关键。那些小的选择，无所谓对与错。

是的，我们不是圣人，不可能每个选择都做对，但怎样让重要的选择不出错、少出错，就非常关键。我挑选最重要的三点经验和你分享。

1. 在重要的选择上，花上足够的时间和精力

巴菲特和芒格，都认同过一个投资理念：不要非常频繁的进行买卖，只要几次决定便能造就成功的投资生涯。

因此，在决定投资一家公司之前，他们一定会在前期做大量调研，了解相关信息，做详尽评估。一旦做出选择之后，他们就会长时间持有。

人生也是一样，只要做对几个重要的人生选择，结果就不会差到哪里去。

不知道你有没有注意过一个现象，我们经常说"选择比努力重要"，但是面对重要选择时，你又花了多长时间和精力在研究选择呢？

比如高考，我们花三年的时间，头悬梁、锥刺股地苦读，只为了考出一个好的成绩，却不愿意花上一个月的时间，去考察可能决定我们一生走向的城市、学校和专业。

对重要的事情做出决策，绝对不是挂在嘴边说说就好，提前必须做好前期工作，而且一定不要在选择上怕麻烦，越是重要的选择，越要付出足够多的时间和精力。

2. 听大多数人的话，参考少数人的意见，自己做决定

在做一个重要决策之前，请你至少跟 5 位你认为在这件事情上有发言权的人做深度交谈，而且多次交谈。

太阳底下没有新鲜事，你在成长路上遇到的问题不管多难，肯定有人已经找到过解决办法。与其自己瞎琢磨，不如让高手为你指路。

我当初决定从国企"裸辞"，"沪漂"之前，就先后跟我大学导师等，我很认可的在事业上做出成绩的几位过来人，进行过深度沟通。当面把我的想法、疑虑告诉他们，咨询他们当年在面对同样的人生抉择时，是如何做出选择的。

当然，他们也都从自己过往的人生经验，给我很多分享和启发，才让我有勇气从稳定里走出来，有了后来的成长。

如果无法直接和牛人对话，你也可以阅读他们的传记，看他们的作品，关注他们在社交平台上的观点，甚至付费咨询，请对方为你指点迷津。

但要记住，别人的意见和经验可以作为参考，最后要做决定的一定是自己。因为这是你的人生，你必须为自己的决策负责。过得好是你的，过得不好也只能是你自己的。

3. 一切高质量的决策，都来源于自身的成长

日本服装设计大师山本耀司说过，"自己"这个东西是看不见的，撞上一些别的东西，反弹回来，才会了解"自己"。所以，跟很强的东西、可怕的东西、水准很高的东西相碰撞，然后才知道"自己"是什么，这才是自我。

你是谁，你会选择什么样的道路，答案在时间和行动中。你需要跟现实碰撞，只有在跟社会的真实接触中，才能够了解自己的能力所长、性格特点，也才能够理解成年人世界的规则。

正确的选择，绝对不是躺在床上依赖着理想化的成长框架空想出来的，而是要在现实和成长中不断试错得出来的。在没有找到明确的答案之前，选什么其实并不重要，敢选、敢做的勇气才更加重要。

我在决定要走写作这条路之前，也是跌跌撞撞地前行。本科拿的医学学位，大学当了几年的学生记者，后来又考了一个法律职业资格证，毕业那年也还是迷茫，选择去了一家国企单位。

在这个过程中，尽管我不知道自己想要什么，但我逐渐知道自己不想要什么。这种感觉就像考试做选择题一样，去掉三个错误选项，剩下就是正确选项。

二十几岁，其实是一个人试错成本最低的年龄阶段。你不妨给自己设定一个"试错期"，将你所有不切实际的幻想、躁动不安的欲望，在这段时间内集中释放出来，大量去尝试，去体验你之前没接触过的事情，比如第一次独自旅行，第一次当"网红"拍短视频，第一次创业，等等。

只有在你进行过足够多的试错之后，你才会在此过程中发现自己的天赋，抑或是遇到一些机遇，从而知道什么才是自己真正想要的，明白在"想要"和"得到"之间如何"做到"。

前面一直有提到"选择大于努力"，在我看来，确切地说应该是选择先于努力。很少有人一选择就能选对，也没有一条路是选对了就不需要付出努力。那些所谓"选对了的人"，不过是经历足够的"试错"后，选择了自己想走的路，再全力以赴地用智慧和力量让他们的选择变成最好的选择。

所以，走好选择的路，别选择好走的路，我们才能成为真正的自己。

¤ 精华回顾 ¤

1. 大部分人在面对重要的选择时，经常会出现不选、假选、选错。不选，也是一种选择，选择"不面对"。假选，即选择"假装努力"，但结果和现实并不会陪你演戏。选错，虽然选择了，但选错了选项，相应的后期也会付出一些成本。

2. 做好选择的三点经验分享：

（1）在重要的选择上，花上足够的时间和精力。

（2）听大多数人的话，参考少数人的意见，自己做决定。

（3）一切高质量的决策，都来源于自身的成长。

大城市或小城镇：
你越迷茫，越要出去闯

现在很多年轻人，尤其是在刚毕业的时候，都会面临一个重要的人生抉择：**去哪里工作？是选择去大城市追寻梦想，还是选择回老家过安逸的小生活？**

大城市，意味着有更多的机遇、资源，更能装得下你的梦想，但也会面临着租地下室、挤地铁、节奏快等现实问题。

小城镇，意味着你可能有更多的时间陪伴在父母身边，享受生活的小确幸，但诗和远方就此可能将与自己无关。

鱼与熊掌不可兼得，梦想和安逸，你会选择哪一个？

一、喜欢的东西，就不要退而求其次

面对未知的前途，我曾经和绝大多数迷茫的应届毕业生一样四处乱撞，海投过不少简历，也参加过公务员考试。

当时唯一的想法就是：作家梦太贵了，去大城市我估计一个月都生存不下去，还是在老家找一份稳定的工作，再兼职写作比较实在。

在家人的建议下，我幸运地进入了老家的一家国企单位。当时还暗自庆幸，觉得体制内的工作稳定，工资待遇有保障，是一个不错的选择。

殊不知茨威格的那一句话"她那时候还太年轻，不知道所有命运馈赠的礼物，早已在暗中标好了价格"，应验在我身上。

在上班两个月以后，国企按部就班的生活，让我很不适应，个性使然吧。

我的工位旁边是一位 50 岁的大姐，有一次和那位大姐吃饭的时候，我问了她一句话："大姐，你是什么时候来公司的？"

那位大姐停下手中的碗筷，看了我一眼，"嗯，跟你现在差不多的年纪"。

那一刻，我有些接受不了，身边同事的现在，也就是我可以预见的 5 年、10 年、20 年……我想要一些不一样的东西。

后来看到哈佛毕业典礼上，校长福斯特对毕业生们说的一番话，才知道当初我放弃梦想的行为其实是一种后退。

福斯特说：

我听过你们谈论未来，知道你们的烦恼。我也知道你们担心收入，担心职业选择，担心人生的意义能不能实现。

我要对你说的是，只有试过了才知道。 无论是绘画、生物还是金融，如果你不去尝试做你喜欢的事，如果你不去追求你认为最有意义的东西，你会后悔的。

人生的路很长，总有时间去实施备选方案，但不要一开始就退而求其次。

她将这种心理比喻为"停车位理论"，**你不要因为觉得肯定没有停车位了，就把车子停在距离目的地 20 个街区远的地方。你要直接去你想去的地方，如果车位已满，再绕回来。**

更可怕的是，这种思维会延伸到人生的方方面面。

比如，24 岁的时候，你原本有一个梦想，面对未知的前景，心想"差不多就行了"，退而求其次地找一份看着还可以的工作。

28 岁的时候，你曾经想找一个喜欢的人结婚过日子，当身边人都在催着你赶紧结婚，你就会再次退而求其次地想，"要不算了，找一个差不多的人凑合着过吧"。

30 岁的时候，你原本想着在事业上再拼一拼，可是孩子刚出生，家人都跟你说，"别那么拼，女人最重要的是相夫教子"。于是，你退而求其次地成为一个全职主妇。

当我们曾经天真地以为降低标准，妥协一下，将就一下，这个世界就会为你让出一席之地。可你越是妥协，你就会发现自己失去的越多，抱怨的越多，最后可能什么都得不到。

每一次妥协的背后，究其原因都在我们自己身上：或是害怕失去，或是息事宁人，或是不愿付出努力……

我当时就是萌生了不愿意为梦想再多付出努力的想法，害怕会连当下所拥有的都失去，但这一份安稳有保障的工作，需要付出的代价却是我的梦想。

却殊不知如果你不在20岁时，花时间拼命折腾自己，去创造自己想要的人生，那么30岁不得不花更多的时间去面对自己不想要的生活。

二、我可以接受平凡的人生，但没办法接受妥协和平庸

在国企工作的那一年多，也是我目前为止比较迷茫无力的一段经历，路遥在《平凡的世界》里一段对孙少平的描写，用来形容像我这样二十几岁，不甘平庸的年轻人，再合适不过。

"谁让你读了这么多书，又知道了双水村以外还有个大世界……

如果从小，你就在这个天地里日出而作，日落而息，那你现在就会和众乡亲抱同一理想。经过几年的辛苦，像大哥一样娶个满意的媳妇，生个胖儿子，加上你的体魄，会成为一名出色的庄稼人。不幸的是，你知道的太多了，思考的太多了，因此才有了这种不能为周围人所理解的苦恼。

一个有文化、有知识、爱思考的人，一旦失去了自己的精神生活，那痛苦就是无法言语的。"

我父母一辈子都生活在老家小城镇，靠着双手养活一家老小。在他们看来，医生、教师、公务员就是最体面、最好的职业。

他们一直都希望我能听他们的话，留在家乡这座小城市里，找份稳定的工作，然后相夫教子，安稳地过一生。

但我也清楚地知道，当时不到25岁的我，处在一个人吃饱全家不饿的状态，还是有时间和成本去折腾的。如果我不敢迈出那一步，再多拖几年，以后就更没有勇气做出这样的选择，未来的人生也就可想而知。

一个人如果是过平凡的人生，他至少可以活成自己接受的样子；但是一个平庸

的人生，一不留神就会活成自己讨厌的样子。

我可以接受有时候不得不做出的妥协，但我会永远讨厌那个总是找理由妥协的自己。

最后，我和少平做出同样的决定——即使碰得头破血流，也要到外面的世界闯一闯。

于是在 2018 年，还没等在老家过完年，我就揣着 800 元现金，独自拉着一个 20 寸的行李箱，带着那一份迷茫和不甘心，单枪匹马去到上海。

我依然清晰地记得，初到上海，没有任何认识的朋友亲戚，住在南京东路附近青年旅舍的床位房，每天的住宿费 80 ～ 100 元。当时甚至为了一天节约点住宿费，我下载了美团、携程等各类住宿类 App，比对价格，几天换一家青旅。

等到了饭点，就到附近的快餐店，点一份十几元的简餐填饱肚子。一天基本上只吃两顿，早餐随便应付一下。

毕竟初到这座陌生的城市，我也不知道需要花多长时间才能找到一份工作，只能一边在网上投简历找工作，一边接一些兼职写稿的任务，贴补日常开销。直到后来找到工作，租了房子，这种窘迫的状态才有所缓解。

年轻的时候，迷茫并不可怕，可怕的是你不去寻找答案。因为你不去寻找，便永远迷茫；不敢开始，便永远无法成长。越迷茫，反而越要出去闯。

当你走出去的那一刻，也就是冒险开始的时刻。不要畏惧改变的力量，改变可能会带来阵痛，但你也一定会爱上改变后的自己。

三、你居住过的城市，会深深影响你

海明威说，"如果你有幸年轻时在巴黎生活过，那么无论你今后一生中去到哪里，它都与你同在，因为巴黎是一场流动的盛宴"。

上海陪伴我走过了最艰难的时光，也见证了我一路的成长。

这 3 年里，我从一个戴着鸭舌帽的自卑女生，到有机会采访到余秋雨、国家一级指挥家曹鹏、《奇葩说》辩手熊浩等各行各业的大咖。

这 3 年里，我从原本只有一腔写作热情的菜鸟，到如今写了上百篇的"10 万 +"爆文，获得人民日报、新华社等平台的转载。

这 3 年里，我从一个怯生生的职场小白，到成立自己的写作工作室，出版了第一本书。

现在的我，无比感谢和喜欢上海这座城市，它教会了我独立思考的能力，赋予我追求卓越的自由精神，给予我接触世界最优秀思维和人才的机会。

年轻时，我们都以为只是在选择一座城市，其实是在选择一种人生的底色。**你在大城市见过的世面，接触到比自己更优秀的人，都会反向促进你不断向上，不断提升自我。**

当你见过外面的世界，再反向去选择，不管你愿意为了自己的梦想而留在大城市，还是见过风景，想回去过安稳的人生。这时再做出的选择，相信你这一辈子都不会后悔。

最可怕的是，你一开始就"退而求其次"，根本就没有见过外面的世界是什么样的，就以为你眼前的这一片小天地，就是全世界。坐井观天，却又乐在其中。

正如畅销书作家剽悍一只猫说的，**我们未必要在大城市待一辈子，但在年轻的时候，一定要去看看，一定要去感受，它能给我们带来的，绝不只是车水马龙、高楼大厦的观感。更多的，是见识，是视野，是格局，还有更多的可能性。**

人生的意义在于体验，在于经历，在于创造更多的可能性。

一个人总要经历点什么，才知道自己真正想要什么，也才能成长。

至今，我仍然很感谢当初的那段日子，**二十几岁，心有迷茫，是一件好事。**

越迷茫，越要出去闯。

越不甘心，越不能退而求其次。

因为人生有迷茫，说明你在探索，只是一时没有方向而已。

要知道，**在这个世界里，没有人会为你的未来买单，你要么努力地向上生长，要么慢慢地烂在泥沼里，这就是真实的生活。**

无论未来如何，希望我们都能继续兴致盎然地与世界交手，一直走在开满鲜花的道路上。

考研或工作：学历等于能力？
你需要一种反脆弱的人生

金 句

　　我们读书，绝不仅仅是为那一纸文凭，而是为了让自己的人生赢得更多选择的机会。

——胃窦

很多学生到了大三大四，都会萌生一个想法：我要去考研。

但大部分人可能都没有认真思考过一个问题，"我为什么要考研？"

他们大多数说服自己的理由是，"我们班有哪个学霸在考研""现在工作太难找了，还是考研吧""哪个学姐、学长建议我考研"。

我也曾在毕业后两次选择考研，为的是给自己赢得多一次改变人生的机会。

只是时隔多年，我才发觉自己，当初把所有的希望都寄托在一张学历证明上有多傻。**我们读书，绝不仅仅只是为那一纸文凭，而是为了让自己的人生赢得更多选择的机会。**

一、两次考研失利，一手好牌打得稀巴烂

和大多数选择考研的应届毕业生不同的是，我是在毕业后入职到一家国企才两次选择考研。

我本科就读于省内一所普通的医学院校，大学期间，我从没萌生过考研的想法。尽管当时身边的长辈和学姐、学长不止一次地提醒我，本科学校普通，只有考研上名校才可能最快实现人生的跨越。

但我还是"一意孤行"，坚决不去考研，毕业后通过双专业的优势，顺利入职家乡的一家国企。

直到正式工作两个月后，才发现自己当初的想法有多天真。同一批进来几个 211 学校毕业的研究生，不管是从薪资待遇，还是未来发展来看，都比我好很多。所以考研不失为一个正确的选择。

于是，心有不甘的我决定执行这个方法——考研进入名校。

那时刚走出校门不久，还没有足够的勇气"裸辞"，第一次考研就在距离考试不到三个月的时间里，利用工作之余的时间备考。

果然，机会是留给准备充足的人。考研成绩差了 6 分没能挺进复试，又不愿意调剂，算是第一次考研败北。

如果说第一次考研，我是奔着那一纸文凭去的，那么第二次考研，则是在深思熟虑之后做出的抉择——为了能专心地备考，选择从国企"裸辞"。

当时，我在笔记本第一页清晰地写下一句话：考研是严肃的人生选择，既然决定了，就请义无反顾地走下去。

在辞职备考的那段时间里，我把自己关在几平方米的公寓里，不工作、不社交、不恋爱，把所有能用的时间都用在学习上。

法国启蒙思想家伏尔泰说，"当你把所有的希望都孤注一掷，这件事情的失败

就是不可避免的了。"

　　结果也可想而知，接连两次考研落榜，算是我二十几岁的人生里一个巨大的挫折，我也第一次对自己产生了深深的怀疑：你配不上自己的野心，也辜负了自己所受的苦难。

　　就这样，好不容易抓到一手好牌的我，一不小心出错一张牌，结果打得稀巴烂——国企"裸辞"，考研失利，前无进路，后无退路，让我二十几岁的人生几乎陷入绝境。

　　也就是在这种处境下，我独自踏上了"沪漂"之路，到上海的第一天，住在南京东路青年旅舍时，看着万家灯火，那一种心灵上的落寞和对人生的无力感，让我在心底暗暗发誓，"这种感觉太糟糕了，我再也不要体验第二次"。

二、脆弱型和反脆弱型人生

　　直到沪漂这 3 年多，我对多位大咖做过访谈，才发现自己当初选择考研，把改变命运的所有希望都寄托在一张学历证明上有多愚蠢。

　　在深入研究过很多人的成长轨迹之后，我们的人生大概可以分成两种类型：

　　一种是脆弱型的人生，就像是进赌场一样，你一次次地下注，每一次都是把全部的赌注押上，最后的结果要么大获全胜，要么满盘皆输。

　　比如，我当初想要申请名校的研究生，首先需要具备足够强大的综合实力，从准备考研那一刻起到考研初试结束，我把所有的精力和时间都用在考试的那几门学科上。

　　而且很多名牌高校，他们的考试并非全国统考，专业课可能是学校出题，在这个过程里，掌握的信息其实比知识更重要。并且研究生考试只允许报考一个学校，一个专业，一旦失败，基本上就意味着你之前的努力付之东流。

　　就算最后顺利通过初试，是否就一定能申请到名牌大学呢？也不一定。复试还有进一步考察，考察你的业务水平和实际能力。

　　就算是以上的这些你都表现得很好，是否就足够了呢？也不一定，你最后能否被录取，与你申请院校当年的招生人数，甚至是导师的心情，都是息息相关的。这也就不难理解，我认识的一个学长曾在毕业后 6 年 4 次考研，只为圆一个名校梦。

这当中有太多不确定的因素，如果是实力的问题，那是我们技不如人，但其实当中是有很多运气和信息差的成分。一旦没有被录取，就是满盘皆输，没有任何挽回的余地。

所以，不要轻易把"考试"当成人生成败的赌注，除非你热衷的工作必须要跨越文凭的门槛（如大学老师，热衷于学术研究），那么去考研读博，是你实现梦想一个很好的途径。

但是，如果你考研只是把学校当作要给你遮掩迷茫、慌乱、怯弱的堡垒，那么3年之后，你面临的问题只会比现在更加严峻。比如，我身边有很多朋友是硕士学位，甚至海归背景，但毕业他们面临最大的尴尬处境就是：缺少社会实践和能力作为支持，年龄又摆在那里，高不成低不就，能做的选择就更少了。

我们去读书，去学习，去接受教育，掌握知识不是目的而是手段，最重要的是让人生拥有更多选择的机会。

另一种是反脆弱型的人生，更偏向是一种终身成长，就像是成为一棵参天大树，树有多高并不重要，关键在于不断成长，可以随时应变，并且能从环境中获益。

在得知考研失利的那天下午，我几乎顾不上太多的悲伤和抱怨，当天就开始在网上投简历找工作。

在没有收到任何 offer 的情况下，我独自踏上了"沪漂"之路。幸运的是，凭借在学校积攒下的文字功底，误打误撞地进入一家互联网公司。

当时的我对互联网一窍不通，但我深知，**在上海，你绝不会只因为一分努力就能在世茂广场随便刷卡，也不可能因为两分的努力就能体面地生活在虹口区。你只有拿出十二分的努力，才有机会在这里过上理想的生活。**

于是，在这3年里，尽管我没有读研究生，但我读过的书，学到的知识并不比学校少：每天坚持学习2～3个小时；至今没腾出时间去过一次迪士尼乐园；甚至在很长一段时间里参加学习培训结束，经常都是赶着最后一班地铁，夜里十一二点才回到家。

现在回想起来，正是在那段时间没有生活，只有工作和成长的学习，让我迅速从稚嫩的职场菜鸟成长起来。在最黑暗的那段人生，是我自己把自己拉出深渊。没有那个人，我就自己做那个人。

作家李尚龙说，"学历是能力的一个证明，但当你的能力已经超过学历，就不会有人问你的学历是什么，对方就只会关心你是谁而已"。

和前一种"一考定输赢"的人生相比，这种成长绝不是依靠一次结果就能定胜负，而是你长时间在积累自己的能力、认知、人际关系及资源等，并且未来还会产生持续的复利效应。

没有人可以和生活讨价还价，我们都在寻找一种力量，一种和命运掰手腕的力量。

所以，如果你不想要轻易被定型，还渴望有一番自己的成就，可以掌控自己的工作和生活，不如做一个反脆弱者，勇敢面对人生的变化，并从中把握机会，开创更美好的未来。

三、真正的安全感，来源于你自身的成长

一个人几乎所有的进步都是放弃了部分的安全感才可能获得的，追求百分之百的安全感，只会把自己困在永恒的当下。

现在，当我听到身边一些同事和朋友说，"现在职场越来越不好混了，打算脱产回去考个研究生"。

我都会问他们一个问题，**"你想清楚了自己为什么要考研，是真的想做学术研究，还只是试图获取一种叫作学历的安全感呢"**？

在这个缺乏安全感的年代，学历可能是很多人认为最有确定性的东西。

尤其是当我看到 211 研究生毕业的弟弟，面对进入医院工作后的烦闷，内心的抱负无法实现。他的第一想法，竟然是回高校读个博士，未来有机会再去高校从教。5 年医学本科 +3 年研究生的学弟，面对医院高负荷的工作，第一想法也是去考博士。有这种想法的人，在我身边各种高学历的朋友中比比皆是。

但现实是，你已经读了二十几年的书，如果从那些堆积如山的书中都没有办法找到突破的路径，你觉得再多读 3 年博士或者硕士，会有多大实质性突破的可能性呢？

就好比你在一条路上一直走了很多年，依然没有一个新的突破和改变。你还能指望继续走下去，会遇见什么不一样的风景吗？

当然，我并不是说读书无用论。相反，我比任何人都相信，读书能给人带来改变。我们家是农村家庭，家里出了两个 211 研究生，一个本科生，就是通过读书改变命运的典型案例。

我坚信读书能够改变命运，摩尔定律也揭示了信息和技术的更新，每18个月就会成倍地增长一次。也就是说，每18个月，我们就要更新一次信息和知识，否则就有落后的危险。

在这个信息时代，面对不确定的人生，我们最重要的不是拥有多少学识，而是紧跟时代潮流，培养自己"反脆弱"的终身学习能力，顺势而为找到一种能够让努力翻倍的途径，否则就努力放错了方向，就会南辕北辙，一不小心还会让人生路越走越窄。

我想把《阿甘正传》里的一句话送给你，**"人生就像一盒巧克力，你永远不知道下一颗是什么味道"**。

愿我们都能拥有反脆弱型的人生，与自己的时代狭路相逢。

¤ 精华回顾 ¤

1. 脆弱型的人生，就像是进赌场一样，你一次次地下注，每一次都是把全部赌注押上，最后的结果要么大获全胜，要么满盘皆输。

反脆弱型人生，更偏向是一种终身成长，就像是成为一棵参天大树，树有多高并不重要，关键在于不断成长，可以随机应变，并且能从环境中获益。

2. 摩尔定律：当价格不变时，集成电路上可容纳的元器件的数目，每隔18～24个月便会增加一倍，性能也将提升一倍。换言之，每一美元所能买到的电脑性能，将每隔18～24个月翻一倍以上。这一定律揭示了信息技术进步的速度。

本专业或转行业：你对人生没有底气，大多数是没找到核心竞争力

> 金句
>
> 你所热爱的这件事情，它很可能是你下辈子大部分的快乐来源，甚至可以悄无声息地改变你的命运。
>
> ——胃窦

在一次参加自由职业分享会上，主持人让所有人都站起来，然后现场提了几个问题，要求听众如果回答"是"就继续站着，答案是"否"就坐下来：

"你有自己热爱的事情吗？"

"你的这个爱好，坚持超过三年吗？"

"你的这个爱好，目前能养活你自己吗？"

"你想过为你热爱的这件事情，坚持一辈子吗？"

……

结果，问题问完以后，在场一百多人，只有包括我在内的三个人还继续站着。

奥地利作家斯蒂芬·茨威格说，"一个人生命中最大的幸运，莫过于在他的人生中途，即在他年富力强的时候发现了自己的使命"。

但现实中，大部分年轻人的状况是：

"对现在的工作不感兴趣，怎么办？"

"想转行业，但又不知道自己该干什么？"

"大学读了四五年的专业，毕业后放弃不是太可惜了吗？"

在我看来，**大多数人对人生没有底气的根源，是没有找到核心竞争力。**

领英的 CEO 杰夫·韦纳曾经画三个圆，说："这三个圆分别代表你擅长、喜欢和有价值的事，三个圆相交的部分，就是你应该去做的。"

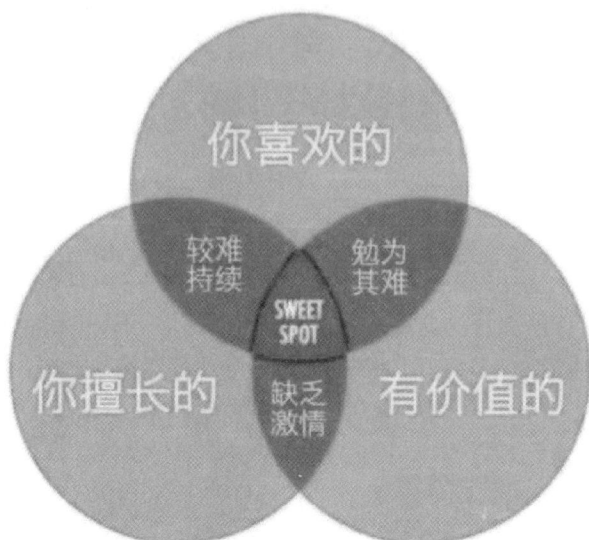

我很庆幸，经历过国企"裸辞"、两度考研、"沪漂"，在 30 岁之前，就能找到自己热爱的方向，同时我也深知，曾经付出过多大的努力，才能拥有自己真正热爱的事业。

一、找到你热爱的事业

电影《心灵奇旅》中有一句台词，"**每个人都有自己闪光的地方，当你点燃自己的火花时，你就开始了你的人生**"。

很多人容易误把"三分钟热度"的兴趣当成热爱，但真正的热爱绝对不是浅尝辄止的兴趣。

兴趣金字塔将一个人的兴趣分为三个层次，**最底层是感官兴趣**，我们平时说的"做事三分钟热度"就经常发生在这个阶段。

这个阶段的你，会天然地对什么东西都好奇，感兴趣，比如你这一秒看见李子柒拍短视频赢得满堂喝彩，你就对短视频产生了兴趣，下一秒看到李佳琦做直播赚得盆满钵满，又萌生做直播的念头。

职业兴趣

学习兴趣

原来是这样

感官兴趣

好奇、兴奋、好玩

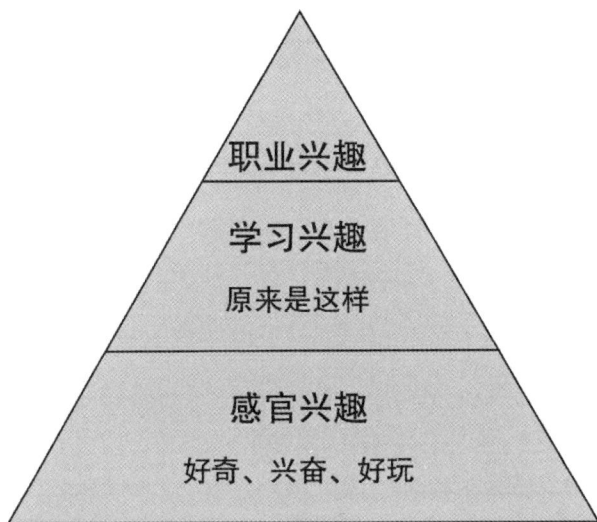

但当你真正去学习的时候，你又会发现一点儿也不好玩，拍短频表情僵硬，直播半天也没有一个顾客，坚持三天不到的时间，就不了了之。

我也是一个爱好广泛，做事情经常三分钟热度的人，直到在国企工作期间，我发现只有写作才能治愈我，当我全身心投入写作中，不断产生"心流"，对文字产生多巴胺，所有的不愉快都抛之脑后，心里、眼里都是如何写好这篇文章，就是俗称进入"心流"的状态。

那时候，我才确定写作这件事情，将会成为我这一辈子要坚持热爱的事业。我的经历让我有一个非常深刻的感受，就是要找到能发挥自己天赋的工作，只有这样才能充满激情地做下去，只有这样，才能真正做到优秀的水平。

我们每个人都要发现自我，找到自己热爱的事业，就是你愿意重复去做，能让你产生"心流"的事情。在这个过程中，你需要不断试错，从而找到自己热爱的方向。你热爱的事情里，隐藏着你的天赋。

心理学家斯滕伯格提出一个非常著名的爱情三角理论，完美爱情的三大要素：激情、亲密和承诺。找到热爱的事业，其实跟找到相伴一生的人生伴侣有很多相似之处，可以借用他的理论，向自己提三个问题，帮助找到你热爱的事业：

我对这件事情是不是很有激情，迫不及待地想要做这件事情？

我是不是很喜欢这件事情，做起来是不是很愉悦？

这件事情如果让我做上一辈子，我愿不愿意？

如果这三个回答，你得到都是肯定的答案。那就证明这件事情，就是你真正热爱的事业。

为了柴米油盐奋斗的人与为了真正热爱的事业奋斗的人，所释放出来的能量是完全不同的，能达到的事业高度也高下立判。

当然，想要找到这项核心竞争力，就像切割钻石，艰难且痛苦。只有你有足够的耐心，进行过足够的试错和探索，才能发现自己的天赋，抑或是碰到一些机遇。

二、专注在自己擅长的领域

当你发现一件"自己喜欢做"的事情后，就不能够再像之前那样随意变更、盲目尝试，要克服"急于求成"，幻想"不劳而获"的心理。

韩寒写过一篇文章，叫作《我也曾经对这种力量一无所知》。

作为一个足球爱好者，韩寒曾经一度觉得自己的足球护球水平很像梅西，射门很像贝利，可以去踢职业试试。

直到二十岁的他，和上海高中各个校队的优秀球员组成球队，对手是上海一支职业球队的儿童预备队，都是五年级左右的学生。

球赛开始之前，韩寒还和队友开玩笑说要脚下留情，不要太欺负小朋友了。

结果整场比赛下来，韩寒是这样形容的，基本上全程在"被小学生们当狗遛"。

这就是专业和业余的差距，你以为的极限，弄不好只是别人的起点。而这背后，是对方百炼成钢，用无数个白天和黑夜换来的。

所以，如果你认定了一个方向，就要将感官兴趣转为学习兴趣，就要通过"学习→练习→反馈→优化→学习……"的刻意学习，在某一个领域持续深耕 3 ～ 5 年的时间，去提升自己的能力。

在我放弃本专业的工作，正式转型成为一名写作者之后，经常会收到很多读者的私信，"胃窦老师，我对现在的工作不感兴趣，我也喜欢写作，如何才能走上写作这条路呢"？

这时候，我一般只会问他们一个问题：

你到目前为止，写过多少篇文章呢？

微信的另一端，基本是沉默。偶尔有一两个回复的，就会丢给我一篇类似日记一般的文章。

但如果我告诉你，写作这件小事，我从小学到现在，已经断断续续坚持了二十几年。不完全统计，至少练笔超过几百万字，你还会想继续走写作这条路吗？

这就和喜欢一个人一样，说"我爱你"都很容易，但做到久处不厌的热爱，以及承诺一辈子的坚持却很难。

你们看到的"10万+"爆文，背后是我无数个深夜里，一个一个字地改出来的。

你们见到的光鲜亮丽的专访，背后是我跨越几千里，一个人跑到偏远的小县城，挨家挨户地采访得来的。

你们见到的读者粉丝不停地增长，背后是我耐心回复一条条评论换得的。

当你喜欢做某件事，你就会自然而然地加以练习。当你铆足了劲儿努力练习，做这件事的水平就会越来越高。最后，这件事情就会成为你的绝活，你一出手就惊艳了时光。

只是大部分人都渴望拥有如钻石般璀璨的人生，只有少部分人，有勇气去接受被切割的过程。

什么是真正的热爱？我想就是喜欢并且擅长。**因为喜欢，所以才努力去做热爱的事情；因为擅长，所以才能热爱正在做的事情。**

三、有价值，被需要

做热爱且擅长的事情，已经很不容易了。但想要把它变成主业，做你所爱的前提是这种热爱能养活自己。

以我为例，在大学毕业之后，我之所以不敢选择写作这条路，就是因为当时没有找到用爱好养活自己的方式。没办法，在现实和面包面前，人就不得不低头。

但心有不甘的我，利用工作之余的时间，接触到新媒体写作，从零学起，稿费从 100 元，上涨到几千元一篇，甚至超过工资收入。

当我发现写作能养活自己的时候，才鼓起勇气辞职，单枪匹马地走上"沪漂"之路，跨行业转型成为一名内容从业者。

亚里士多德说："天赋与社会需求的结合点，就是你的职业所在"。社会需求在不断变化，你的最佳职业也应该在不断变化，只要你用心寻找，就能找到你的热爱和市场需求最好的结合点。

"兴趣是最好的老师"，如果你对一件事儿很感兴趣，就不要把它只是停留在表层的感官兴趣层面，而是要紧跟着时代的变化，不断迭代提升。

要知道，**你所热爱的这件事情，它很可能是你下辈子大部分的快乐来源，甚至可以悄无声息地改变你的命运。**

作为过来人，我也并非鼓吹你要放弃自己的本专业，一腔热血地转行业。我心里很清楚，这一路将爱好转为职业，再将职业转为事业，每一步都走得异常艰难。

比起表面上的事业选择，它更是一种人生态度的选择，"**生命的火花不是目标，而是对生活的热情**"。

人生最不可取的就是，一边说"我不喜欢现在的生活，我还有梦想"，另外一边却做一条咸鱼，平躺着消沉虚度一天。

真正的理想主义者，是即便知道理想很丰满，现实很骨感，但依然愿意是一腔孤勇的梦想实现家。他们并不是盲目，而是清楚自己想要什么，更明白自己要得到这些东西，需要付出什么。那些笨拙而缓慢的成长，那些咬牙坚持的日夜，那些长在身体和心里的疤痕，都在为你的未来铺路。

所以，如果你想要什么，就积极去追求，单枪匹马你别怕，一腔孤勇又如何，这一路你可以哭，但不能怂，把理想变成战斗力，把热爱变成生产力，才能迎来掌声和鲜花。

当你真心想要做成一件事情的时候，整个宇宙都会帮助你。关键就在于你是否真心想要，敢不敢要。

请保持那一份热爱，奔赴下一场山河，毕竟生命只有一次，全力以赴去做你想做的事情，去成为你想成为的人。

祝每一个人都能站在自己热爱的世界里，闪闪发光。

¤ 精华回顾 ¤

1. 心流：

我们在做某些事情时，全神贯注、投入忘我的状态。这种状态下，你甚至感觉不到时间的存在，通常在此状态时，不愿被打扰，抗拒中断。事情完成之后会有一种充满能量并且非常满足的感受。

2. 兴趣金字塔：

兴趣分为三个级别，分别是直观（感官）兴趣、自觉兴趣、潜在兴趣（志趣）。

直观（感官）兴趣：通过直观感官刺激产生的兴趣。

自觉兴趣：是认知行为参与的兴趣。

潜在兴趣（志趣）：我们把感官兴趣通过学习变成能力、通过能力寻找平台获取价值、在众多价值中找到于自己而言最有力量的一种生涯的管理技术。

3. 核心竞争力模型：

你喜欢的：它是你感兴趣，甚至是热爱的。

你擅长的：它是你擅长做，有资源、甚至有天赋的。

有价值的：让你收获到价值的，这价值可能是金钱，可能是职业发展上的成就感。

定位篇

大平台或小公司：人最大的悲哀，就是错把平台当本事

真正的稳定，不是你在一家单位有饭吃，而是你足够强大，不论走到哪里都有饭吃。

——胃窦

我曾在社交平台上，分享自己从国企转型到一线互联网公司，再到创业型公司的真实经历。

结果，评论区有一位读者留言道，"这一路都在走下坡路"。为此还有几个读者纷纷站出来为我打抱不平。

我一开始有些惊诧，追问后才明白，原来他的意思是，从国企到创业型公司，我换的公司一家不如一家。

我当时未置可否，只在评论区里回复一句，**一个人最大的悲哀，就是错把平台当本事。**

一、时代抛弃你，连一声"再见"都不会说

《三体》里有一句话："我消灭你，与你无关"。

这句话听着觉得嚣张，却是事实，人类社会就是这样一路发展过来的。

我在 2011 年上大学，好不容易攒钱才买到人生的第一部诺基亚手机，可到了 2013 年，诺基亚就被微软收购，宣布诺基亚时代的结束。

曾经最大的全国连锁店大润发被收购，曾经风靡全球的雅虎退出历史舞台，

迪士尼宣布裁员 3.2 万人，著名老牌相机尼康关闭了在中国的工厂，康师傅、统一方便面因为美团外卖的便利，销量急剧下滑……用中国那句老话"眼见他起高楼，眼见他宴宾客，眼见他楼塌了"，一点儿都不为过。

在这个飞速发展的时代，你永远不知道下一个竞争对手会从哪里冒出来，什么样的新兴产业会把传统行业颠覆。

这个时代变化太快了，但我们内心的价值观可能还停留在上一个时代，甚至上上一个时代。

张泉灵曾在一次公开分享会讲过一个案例，一个东北人在北漂时，他老家的爷爷有一年跟他打电话说，"你们俩夫妻别在北京混了，赶紧回哈尔滨吧。这儿有好事情，这儿的环卫局在招环卫工人，不是临时的，是正式的。而且给上保险，2 000 多元每个月，可好了"。

就是招环卫工这样一个岗位，当时有几千人报名，其中 200 多人有本科学历，甚至还有硕士毕业生。

类似这样的案例，在我们身边比比皆是，比如我当年毕业选择第一份工作时，参加过国家公务员考试，考过选调生，被事业单位面试过，最后幸运地收到一家国企的 offer。

再回过头审视当年的职业选择，我也无法理解当初的自己是怎么想的。也许就是受到上一辈安稳观念的影响，选择相信一个大平台，一个不变的单位，一份按月给固定工资的工作才是最有安全感的。

但有时候，给你致命一击的往往是你最有安全感的地方。

美国作家塔勒布在《黑天鹅》里讲了一个故事：农夫养了一只火鸡，每天都会准时带着饲料去喂养它。火鸡也极其聪明，通过细心的观察和总结，它发现了这个规律，自认为农夫是真心爱自己。直到 1 001 天的感恩节前夜，农夫这次带来的不是饲料，而是一把刀。

《人类简史》的作者赫拉利说，**如果你守着一种固定的身份、职业、世界观而不变化，你就会被世界抛弃。**

2018 年唐山市取消多个高速公路收费站，一位唐山收费员大姐振振有词地说："我今年 36 岁了，我的青春都交给了收费，我现在什么也不会，也没有人会喜欢我，我也学不了什么东西了"。这类案例在这个时代，早已屡见不鲜。

事情发生在别人身上是故事，发生在自己身上可能就是悲剧。大部分人一生都在追求确定性，认为只有确定才能使自己感到安全。但事实上这个世界上，唯一确定的就是不确定性。当时代真的要抛弃你的时候，连一声"再见"都不会说。

二、大平台、小公司如何抉择

我的后台经常会收到很多职场新人的留言，"我该去大平台找一份安稳的工作，还是去小公司锻炼呢？""父母都说体制内好，朋友说体制外好，我究竟该选哪个呢？"

这其实就像一个围城的问题，城里的人想出去，城外的人想进来。但**你的第一份工作，大概率决定了你的职业方向、起点、圈子，甚至是性格，其重要性和影响深度，胜于高考。**

作为一个在国企待过，服务过一线大型互联网公司，也在二十几人的初创团队待过的职场过来人，我强烈建议你，第一份工作，尽量去成长期或成熟期的大平台。

在经济学上，有一个产品生命周期理论，一个产品，一家企业的生命周期是需求与技术的生产周期所决定的，一般可以分为四个阶段，即引入期、成长期、成熟期和衰退期。

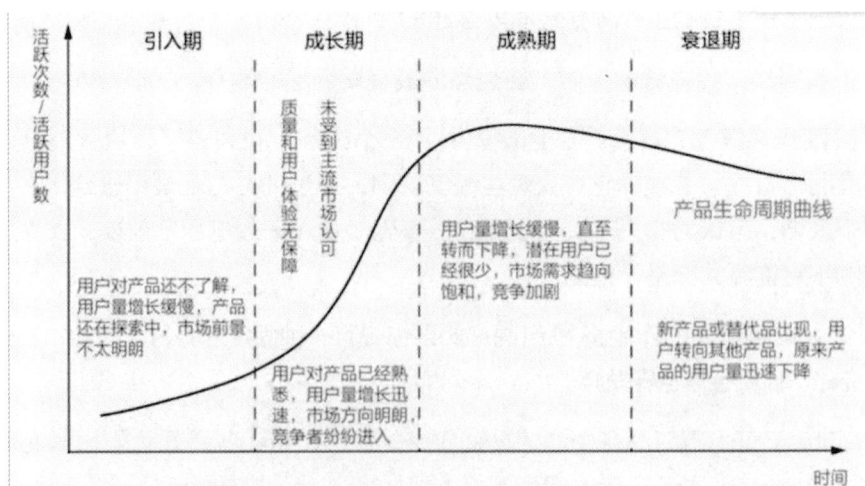

引入期的公司，基本上是一些一二十人的初创公司，处于摸索期，市场尚不太明朗，未来"胎死腹中"的概率也很高。

成长期的公司，产品基本已经成熟，市场方向明朗，比如我"沪漂"后进入的一家互联网公司，刚加入时，公司还不到 500 名员工，两年的时间，公司就发展到 3 000 名员工，6 亿用户量。

成熟期的公司，用户量基本达到顶峰，潜在用户很少，就像现在的微信、支付宝，已达到 10 亿级别的用户量，需要开发用户的留存和复购率。

衰退期的公司，比如大型国企之类的公司，除非处于垄断地位的国企，否则市场会有新产品或替代品出现，公司的经营就会因此而面临巨大挑战。

每个人在进入任何一个岗位，或者一家公司谋求发展时，一定要综合考虑公司目前的发展情况，尽量去找一些好的平台。比如成熟期的大平台，正处在成长期快速发展的行业或公司。

第一份工作，对于我们来说至关重要，不要只考虑钱，还要考虑行业及职业成长性，要站到一个坚实的台阶上，学习成熟的方法论和职场规矩。

首先，好的平台原则上比较难进，但当你进入之后，还是会给你留出相对较长的时间去成长。

进入小公司相对容易，但是进入之后，能否留下来就看你的本事了。因为在小公司里，你的直属领导可能就是你们公司的 CEO，直接对整个盈亏负责。

小公司会有非常高的成本意识，一旦你的能力还没有达到他们想要的水平——直接拿来就用的。那么，你被淘汰的概率也是极高的，这不但对于你的简历是有损害的，而且对你个人的成长也是非常不利的。

处在职场初期的大部分年轻人，都是刚从象牙塔里走出来的，还停留在学生思维阶段，**在还不够强大的时候，尽量选择容错率高的工作，从而积淀自己的势能。**

其次，在大平台里，你身边大部分的同事都是精英，可能还有不少是"海归"，北大、清华等名校出身，和这些人做同事，朝夕相处之下，你也会逐渐学到他们身上的一些思维方式和处事原则。

最后，在大平台可以积累一些较好的项目经验、人际关系及客户，这些都是你未来离开这个平台，可以写在简历证明你能力的背书。

当然，一定要谨记，千万不要把平台影响力当作自己的实力，却忘记了该如何精进和成长。

我认识一位知名商业顾问，他说在毕业后进入公司工作的第一天，就给自己设立了一个 5 年期限，在 5 年之后成为一个具备独立创业能力的人。为此，在这 5 年，他拼命学习，不停地换岗，去学习销售、管理、培训、产品、财务等创业技能，逼着自己成长。

5 年的期限一到，他就果断地从公司辞职，创办了自己的企业。

所以，如果你不打算在一家公司养老，那么即便进入大平台，也请别放弃精进自我，否则时间一长，你就会变成一颗螺丝钉，只能安装在固定某一台机器上，一旦离开这台机器将一事无成。

三、未来没有稳定的工作，只有稳定的能力

资深职业生涯规划师古典提到过，未来将是一个全新的个体崛起的时代。

相比较过去职业价值的坐标系：**行业 * 企业 * 职业**。例如，你在教育行业，进入重点学校，当了一名老师，那你就是周围人眼中的"人生赢家"。

现在是信息时代，职业价值的坐标系变成：**圈子 * 能力 * 特色**。一个拥有几十万粉丝的自媒体人，可能比传统行业里的老师、医生更成功。比如剽悍一只猫最初是一个二线城市的英语老师，但他不甘心这辈子就这样了，于是自学写作，采访了数百位各领域的牛人，成立了自己的"剽悍江湖"，拥有 100 多万的读者，成为业内远近闻名的"大 V"。

在这个高速发展的时代，**从来没有稳定的工作，只有稳定的能力**。真正的稳定，不是你在一家单位有饭吃，而是你足够强大，不论走到哪里都有饭吃。

想要走到哪里都有饭吃，就要成为得到创始人罗振宇提出的"自带信息，不装系统，随时插拔，自由协作"那样的人。

大致的意思是，一旦工作情况有变，你就应该像 U 盘，随时能插到下一台计算机上，随取随插、不用缓冲，就能立即投入新工作状态。

当你从一颗螺丝钉变成一个 U 盘，就会发现同样是插在大平台高速运转的机器上，螺丝钉被动跟着运转就行，而 U 盘则在不断吸取平台的养分，往自己的大脑存储东西。

而且，U 盘即便脱离平台也能存在，今天你在阿里巴巴，明天你随时可以离开，插在百度、腾讯上依然有用武之地。即使未来，你不依托在任何平台上，也能自我运转。

"在未来个体崛起的时代，我们每个人都应该都是自己这家无限责任公司的 CEO，承担自身的风险和回报。

因为不管你愿不愿意，你都会被这个飞速发展的时代裹挟着前行，可能上一秒还守着一份人人艳羡的工作，下一秒就被公司扫地出门。

你最好，事实上也必须，关注且只关注自己的持续成长，要像经营一家公司一样经营自己，不断提高自身的价值，把人生的方向盘牢牢掌握在手中，而不是轻易交给任何人或平台。"

"人生前半场所有的努力，都是为了夺回 30 岁的人生主权，为了让自己有机会做选择，而不至于总是被动接受——看看 30 多岁的人，上有老，下有小，再被迫回到人才市场重新找工作有多难就明白了。

当你在年轻时，选择直面挑战，勇往直前，用力向前奔跑，才有可能摆脱地心引力，活成自己想要的样子，而不是大众期望你成为的样子。

互勉。"

¤ 精华回顾 ¤

1. 你的第一份工作，大概率决定了你的职业方向、起点、圈子，甚至是性格，其重要性和影响深度，胜于高考。

2. 过去职业价值的坐标系：行业 * 企业 * 职业；

信息时代，个体的崛起，职业价值的坐标系：圈子 * 能力 * 特色。

3. 产品生命周期理论：

美国哈佛大学教授雷蒙德·弗农认为产品生命是指市场上的营销生命，即一种新产品从开始进入市场到被市场淘汰的整个过程。它和人的生命一样，要经历引入期、成长期、成熟期和衰退期等阶段。

4. U 盘化生存：

得到创始人向当代年轻人提出的一个生存困境解决方案，总结起来，就是十六个字，"自带信息，不装系统，随时插拔，自由协作"，即互联网时代，个人可以以一个手艺人的方式，以一个插件的方式，以一个 U 盘化生存的方式，随时随地插拔到各种系统上。

思维篇

在这个时代，拉开人与人之间差距的，不是你的努力程度，
而是思维方式。

思维决定行为，行为决定习惯，习惯决定性格，性格决定命运。

你过去的思维方式铸就了你今天的样子，而你今天的思维方式将会决定你未来的样子。

惯性的力量是巨大的，想要改变人生，就得先用"高配版的自己"，带动"低配版的自己"，即用正确的思维代替过往的思维。

一个不能改变自己思维模式的人，是很难取得任何显著性进步的。

成年人思维：别让学生思维害了你

最近，办公室里来了几个新人，都是青春稚嫩的脸庞，名校高学历的背景。

一天，我偶然间听到了他们的谈话，

"我明明才刚来，都没人带我怎么做""今天被骂了，都想不干了""我太不喜欢 ×× 领导，一点都不平易近人"……

我沉默了许久，想起了当年初入职场心酸的日子，打开电脑文档，在屏幕上一字一字地敲出"学生思维"四个大字。

毕业这几年，我在国企、头部互联网公司、创业公司都待过，也带过一些毕业生，会发现很多名校毕业的高才生，即便在学校表现得很优秀，一旦走向职场就会表现得很无助，甚至不知所措。

我们读书所处的学校环境，只是社会的演练场，并不是真实的社会。

成年人的长大，都是从走出象牙塔后开始的。只有遭受过社会的"毒打"，才会意识到初出茅庐时的学生思维到底有多幼稚。

一、学生思维正在让你丧失竞争力

我们从小到大受到的教育总结就一句话：好好学习，高考考个好成绩，考上好大学就什么都有了。

它代表一种理想化的问题思考方式：只要自己考取很高的文凭，拿了许多证书，等我去求职的时候，就会更有竞争力，获得更好的待遇。

看起来是没错，但是走入社会，你就会发现现实不是这样的，它是各种复杂因素的组合，充斥着人性和利益的纠葛。

当然，我也不例外，也犯过类似的错误，直到栽了跟头才认清成年人的真相。

我根据自身的经验及访谈、见到过的案例，总结了以下三种常见的学生思维。

第一，习惯性地被动。

在职场上，经常会听到新人说，"这个没有人教过我呀"。

学生时代，大部分人都不需要太多自我驱动力，被动地按照老师教的课程进行学习，被动地接受着父母的安排，已经形成被动接受信息的习惯。

可是走入社会，到了工作岗位，很多人还是会沿袭学生思维，希望在职场当中，有一个像老师一样的人，给他们安排工作，处处带着他们。如果没有明确的工作安排，他们从来不会主动去找事情做。

我在进入职场初期时，也同样有过这种学生思维。在工作上处于一种被动的状态，从来不会思考在职场要主动做什么，也不想主动去认识周围的同事，处于一种极度被动的状态，每次都需要上级明确告诉我需要做什么，才会动手。

不管是在职场上，还是在社会上，这都是非常不可取的。毕竟职场不是学校，你与工作之间的关系是契约式的，没有人有义务主动教你，也没有人有义务天天告诉你工作内容，做得来就做，做不来就换人。

你必须要学会主动出击，主动请教别人，主动提高能力，才能从学生思维过渡到成年人思维。

第二，把社会当成考场。

从小我们的父母都会说，"只有好好学习，长大才有出息"。

于是，在学生时代，我们大部分人的奋斗逻辑非常简单，就是努力考学或考证，初中通过中考考上理想高中，高中又通过高考考上大学，大学期间又不停地在考各种证书。而且越是优等生，越容易陷入这种"把社会当考场"的学生思维。

这已经是大部分年轻人根深蒂固的信念，我当初在毕业后，面对体制内不想要的人生，第一想法就是考研，也是这个原因。

直到"沪漂"以后，真正进入成年人的世界，我才发现，社会不是考场，这已经不是你分数高，就比别人优秀的世界。

社会拼的不仅是知识和努力，出身背景、人际关系资源、综合能力甚至运气，哪一个不比考试更重要，更可能改变你的命运。

第三，过于玻璃心。

现在经常有人说看过我的故事，觉得我是一个内在自洽，很有能量的人，问我是如何做到看似柔弱，内心强大的。

其实，我并不是天生内心强大的人，刚踏入社会初期，也存在过严重的"玻璃心"，可能就只是同事吃饭没叫上我，我就脑补出一部剧。工作上被上级说了几句，我回去就会忍不住跟室友抱怨半天。遇到不如意的事情，我需要躲起来，花两三天的时间才能排遣。

直到背井离乡，一个人到上海打拼之后，我慢慢戒掉玻璃心，一个人搬家，一个人换工作，对家里永远是报喜不报忧；对别人的不理解，也只是一笑而过；遇到问题的第一想法就是，我要如何迅速地解决它。

那些年，谁还没砸碎过几次玻璃心。但碎掉的玻璃心，用钢筋水泥一点点重铸之后，就能炼成一颗钻石心，无坚不摧。

学生思维容易有弱者的心理，也因为弱才容易玻璃心，一碰到事情容易崩溃和炸毛。人们可能会同情弱者，但一定会尊重强者，给强者让路。

这个时代，最残酷、最基本的一条定律就是：人们或许会同情弱者，但一定会追随强者。学生思维是我们作为学生变成职场人的一种思维偏差，这种偏差本身并不致命。你可以让它跟你一阵子，但千万不要让它跟你一辈子。

二、我们只招成年人

美国著名公司奈飞第一条文化准则是：**我们只招成年人。**

一个人真正的成熟，是从学生思维转变为成年人思维的突破式成长。这种成长，既不是 20 岁的大学毕业典礼，也不是 25 岁婚姻的一纸约束，它甚至不是任何一个具体的时刻或者时间段。而是当你拥有了独立思考的能力和责任感的那一刻，你才算得上是一个合格的"成年人"。

第一，拥有独立思考的能力。

大学阶段，几乎很少有人知道自己到底想干什么，看到别人考证，然后自己也去考。看到别人去实习，自己也忙不迭地找了一份实习工作。看到别人考研，自己就去报了考研辅导班。

你可以照搬别人的提升方式，却无法照抄对方的人生目标。等你做完这些之后，却发现自己对未来毫无规划，只是盲目跟着身边人走罢了，既浪费了时间，又浪费了金钱。

扔掉学生思维，走向独立人格的第一步就是拥有独立思考的能力。

在这个信息大爆炸的时代，我们周围充斥着各种各样的信息，你不能人云亦云，想要培养独立思考能力，必须以两个态度为前提：

（1）不要轻易受到别人观点和态度的影响。

（2）不要寻找所谓的标准答案。

我们从小都听过"小马过河"的故事，牛伯伯告诉小马水很浅，小松鼠却说河水深，但只有当小马亲自下河去才明白，河水既没有牛伯伯说的那么浅，也没有小松鼠说的那么深。

同样，很多时候我们缺乏对客观世界的实践感知，试图寻找一条捷径来得到真相，但不同的人对待同一事物或事件往往有着不同的认识和感觉。

比如我们在毕业后，面临着人生一个重要的抉择，是选择一份稳定工作，还是放手一搏去大城市闯一闯呢？你身边的亲人可能会告诉你，"女孩子，留在老家安稳一点比较好"，你远方的朋友又会跟你说，"没关系，大城市很包容的"。

这些信息是真是假，是不是有用，只有你亲身去实践，去研究，去探究，你才知道，别人说的到底是不是真理。人生和学校考试不一样，从来就不存在标准答案。它不是非黑即白，非对即错恰恰相反，人生在黑白之间，在对错之间还可以加以斡旋和操作。你可以在 30 岁之前，多去经历，多去试错，不要害怕失败，多实践、多总结，慢慢找到自己的核心优势，一旦找到之后，你就知道该如何选择，你内心深处真正感到有意义的事是什么。

就像《少有人走的路》中有一句话，**我们也许要花一辈子的时间，才能做一个独立思考的自由人。这条自由之路上充满了迷信和阻碍，其中之一就是，一旦成年了，我们就无法再改变。**

第二，拥有承担责任的意识。

看一个人是否长大，就看他是否能够独立承担起责任。

在法律上，成年人与未成年人的一个巨大的分水岭，就是满 16 岁，就具备完全刑事责任能力；满 18 岁，就具备完全民事行为能力，也就是说，从那一天以后，你的父母不再帮你收拾"烂摊子"，你必须要为自己所做的事情独立承担起责任。

在学生时代，我们大部分人都是循规蹈矩的，对责任的认识也都比较浅薄。

直到我们走上社会，才会意识到从此之后，我们不仅要为自己的选择负责。而且在未来，你还要承担起父母的责任，亲人的责任。

我记得在刚进国企半年后，常年重体力劳动，身体一直不太好的父亲，有一天被紧急送往医院。

当我赶到医院的时候，他已经做完手术，被送到监测病房。那是我人生当中最害怕的一次经历，即便现在回想起依然一阵阵地后怕。

幸好那 次病情没有太严重，医疗费尚在我们的承受范围之内。

但随着年岁的增长，父母都上岁数了，他们的健康状态每日俱下，如果突然出现更严重的病呢，紧急需要 100 万元的医疗费，我还拿得出来吗？

面对父亲的生命和 100 万元，我又该做何选择？

我的父母都是普通的工人、农民，家里的子女又比较多。为了培养我们几个兄弟姐妹读大学，他们几乎是用尽了全身的力气。

曾看过最扎心的一句话，如果父母依旧辛苦，那我们长大还有什么意义？

而那时候的我，只是国企里一个普通的小职员，满足基本温饱尚有些勉强，就更别提保障到我的家人的生活，甚至是自己想要的自由人生。

我并不指望这一生可以过得一帆风顺，但我希望遇到人生挑战的时候，至少自己可以是它的对手。所以，那一刻我选择积极改变，去争取自己想要的人生。

在年轻的时候，我们可以逃进"茧房"，比如艺术、游戏、虚无的世界。

但如果你继续不断地逃避，就将一辈子在原地打转。只有做一个负责任的人，认识到哪些责任是我们应该承担的，去发现那些我们一直在逃避的责任，包括事业和家庭。你才有机会给自己的生命一个新的起点，让它在未来发出更闪亮璀璨的光芒。

没办法，这就是成年人，你必须永远对生活做最坏的打算，但同时也要保留着对生活最真切的希望。

最后，我想把《老友记》中大姐大莫妮卡和逃婚的小公主瑞秋说的一句话，送给每个初出社会的年轻人：

Welcome to the real world ,it sucks, but you are gonna love it.

亲爱的，欢迎来到现实世界，它糟糕得要命，但你会爱上它的。

成长型思维：
毕业 5 年，我如何和同龄人拉开差距

金句

如果不改变你阅读的书及交往的人，5 年后的你和今天不会有什么两样。

——胃窦

有一次，我回老家，见到大学时期的一位好朋友，才聊了几句，她就感慨地说，"士别几年，你的成长简直天翻地覆，我们都只有膜拜的份儿"。

交谈过程中,我也得知她在毕业后 5 年,基本就是家和单位"两点一线"的模式,不主动向外学习,也很少再交新朋友,早已经放弃了自我成长。

长期来看,这种成长状态其实很可怕,真正决定一个人成长的上限,不在于你付出了多少努力或掌握了多少方法,而在于你是否拥有成长型思维模式。

如果不改变你阅读的书及交往的人,5 年后的你和今天不会有什么两样。

一、起点差不多的人,如何拉开差距

很多人初入职场都有这样的疑惑:以前在上学的时候,明明大家的起点都差不多,可是为什么 5 年或者 10 年后,差距就慢慢拉开了,而且有的时候差距非常巨大。

网上流行过一个非常火的公式:

1 的 365 次方 =1,

1 是指你的原地踏步,一年以后你还是在原地踏步,还是那个"1"。

1.01 的 365 次方 ≈ 37.783 434 332 89,1.01=1+0.01,也就是每天进步一点点。

1.01 的 365 次方,也就是说你每天进步一点点,一年以后你的进步将远远大于"1"。

0.99 的 365 次方 ≈ 0.025 517 964 452 29。0.99=1-0.01,也就是你每天退步,哪怕只有那么一点点,一年后退步到近乎为"0",远远被人抛在后面,真的就是一事无成。

看似简单的数学题,却暗含着惊人的人生哲理,大部分人的差距就是这样在一天天被拉开。

法国文学家罗曼·罗兰说过一句话,"大部分人在二三十岁上就死去了,因为过了这个年龄,他们只是自己的影子,此后的余生则是在模仿自己中度过。日复一日,更机械、更装腔作势地重复他们在有生之年的所作所为,所思所想,所爱所恨"。

现实中,确实有人经常的表现是"二十几岁就死了",进入一个新环境,工作一段时间以后,业务技能从生疏到熟练,来了需求也能很快完成,就进入

"成长舒适区"，不再学习，不再接受新信息，不再接受新挑战，他们要么觉得自己已经懂了，要么觉得反正也学不会，就不再学习。

久而久之，如逆水行舟，不进则退。

"功夫都在 8 小时之外"，人和人的差别，就在于除了上班、上学、睡觉之外的第三个"8 小时"。你可以拿这 8 小时去打王者荣耀、去刷短视频，也可以拿这 8 小时去提升某一项技能。

我当初之所以能直接跨行进入互联网公司，就是我在国企工作期间，利用第三个"8 小时"，从零自学新媒体写作，积累"10 万 +"爆文和写作经验，才有了后来的转型成功，逐渐地和身边的朋友拉开距离。

一个人的衰老，不是从白头发开始的，而是始于思维意识的僵化，不再远行和冒险，不愿意离开舒适圈，对新鲜事物不再兴奋。

二、自我教育，人生才会拥有无限可能

我们的一生，基本上会经历四种教育：家庭教育、学校教育、社会教育、自我教育。

对于像二十几岁的成年人，家庭教育早已成为过去时，而社会教育根本没有什么条件或者成本非常之高，最有效、成本较低的就是学校教育和自我教育。

令人心痛的是，大部分人在接受过学校教育，走出象牙塔以后，似乎就停止学习和进步，只有极少数人才会重视对自我教育的投资。我的一位导师说过一句话，在赚到第一个 100 万元之前，你最应该要做的事情就是投资未来的自己。

正如斯坦福大学心理学教授卡罗尔·德韦克在《终身成长》里告诉我们：**决定人与人之间差异的，不是天赋，而是思维模式。**

一般，人们常见的两种思维模式如下。

固定型思维模式，认为聪明才智和能力是天生的，我们自己很难改变。在他们的口中，你经常会听到这样的话：

"我就这样儿，改不了。"

"我没有这方面的天赋，学不会。"

"事情也只能这样了，这不是我能选择的。"

这种思维，就像一副无形的精神枷锁，会极大地限制一个人的发展。

另一种是成长型思维，认为任何人，无论你是谁，都可以通过努力和经历去改变。在他们看来，成功意味着不断拓展自己的能力，不怕犯错或者难堪，只专注于成长的过程。

他们最常说的是：

"这个我不会，但我可以学……"

"什么事情都有第一次，这次做不好，下次改进就好了。"

"我无法改变这个环境，但我可以改变自己呀。"

在看待成功上，成长型思维会认为，成功并非自己"聪明"，而是因为我们的"努力"和"坚毅"。

上大学时，我主修的专业是西医和法律，但因为就读的学校是一所中医院校。我本人也更喜欢中医，所以经常在每学期开学初，就把全校的课程表下载下来，找到自己感兴趣的课程，按照课程表的时间，跟着不同专业的人学习，成为学校有名的"蹭课专业户"。

那时候，我还不知道这种思维叫作"成长型思维"，就是单纯地认为，我对这件事情感兴趣，愿意去学习，也有条件，就去了。

这也就不难想象，为什么我过往没有接触过新闻，却在大学时代不务正业地做起学生记者，后来甚至放弃了多年的专业，"弃医从文"，走上了以写作为生的道路。

在《终身成长》有这样一句话："考试成绩和对当前成就的评估只会告诉你目前处在什么位置，而不会告诉你将来会达到什么高度。"

从终身成长的角度看，除了身高、年龄、背景经历等少数客观情况不可变以外，身材、收入、学历、性格、房车、户口、才华能力、格局、眼界、思想、精神层次、人品、三观……都是可变的。

例如，身材皮肤，几个月就能见效；学历，5 年能拿两个学位证书；收入（房车、户口），经过 1 ～ 5 年的努力也可达成；性格脾气，坚持自我引导改变，半年以内就能改变。

才华、能力、格局、眼界、思想、精神层次，需要比较长的时间，但 3 ～ 5 年也能获得显著提升。

一旦你拥有成长型思维，将注意力聚焦在自我成长和生活幸福感上，外在的一切都是顺其自然的结果，并非目的。

这个过程，就像一棵树的长成，不是为了给人庇荫，也不是为了成为栋梁，仅仅因为它是一棵树，它受到大自然的滋养，然后在时间的复利效应下，慢慢长成参天大树。

三、走出舒适区，终身成长

那么，在 VUCA 时代（不稳定、不确定、复杂和模棱两可的未来），我们要如何拥有成长型思维，才能学习和改造自己以适应新技术和不断变化的职业技能需求，实现跨越性成长呢？

美国一个心理学家曾经提出舒适区理论，我们在面临任务的时候，心理上会有三个区域：

首先是舒适区，就是你所熟悉的能力范围，你在里面往往得心应手。

其次是学习区，就是稍稍高出一点你的能力，充满新颖的事物，你需要再学习、再成长。

最后是恐慌区，就是远超你现在的能力，你会在当中感受到巨大的压力和焦虑。

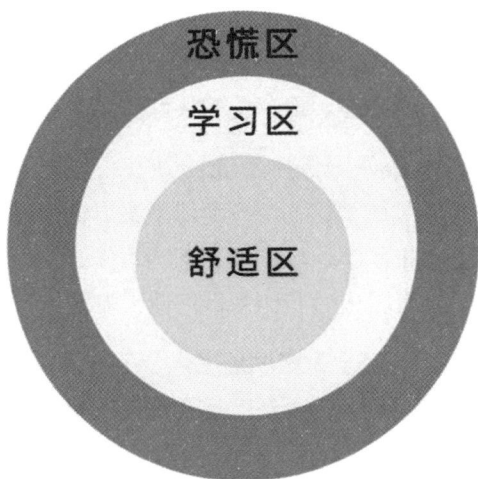

根据舒适区理论，我们很容易就知道，保持成长型思维，就是你要想办法

走出舒适区，更多地停留在学习区，才能取得进步。

回顾我在写作这条路上，就是走在一条不断地走出舒适区，在学习区里前进的旅程。

从新媒体小白转型到新媒体写作，我只用了三个月。

而转型之前，我过往没有任何新媒体写作的经验，甚至连新媒体的概念都没有。

当时就是每天会关注公众号"十点读书"的文章，有一次，我看到公众号发布了一篇征稿函，就寻思着是否可以成为他们的签约作者。

于是，当时零基础的我，开始在网上自学新媒体课程，刻意学习新媒体写作。

初期，我也经历过三个月投稿无门的窘迫，但成长型思维告诉我，不能放弃，于是每天上完班雷打不动地写稿到 12 点再休息。

需要告诫大家的是，学习是可以，但还是要注意照顾好自己。我也是在那个时候，用眼过度导致眼睛造成不可逆性的损伤，至今依然无法直视强光，每次出门都必须要戴墨镜。

正是那三个月的学习，使得我迅速掌握了新媒体写作的诀窍，成为十点读书的签约作者，后来又陆陆续续签约了有书等多家千万级阅读量的公众号平台，发表多篇"100 万＋"的文章，文章被人民日报、新华社等平台转载，稿费也从100 元，上涨到几千元不等。

后来，我从国企离职，也是凭借十点读书签约作者的身份，以及过往数据不错的文章，才实现顺利跨行业、跨专业的转型。

转型到互联网公司，我依旧保持着成长型思维，让自己每天都保持在学习区的良好状态。当我发现过往掌握的那一套热点文、情感文的写作技巧，已经不足以支撑当时的工作，就主动学习转化型文案的写作，学习朋友圈文案的技巧，深度研究人物稿写法，才有了之后专访各行各业大咖的机会。

现在，成长型思维已经完全无意识地融入我的血液中，我在 2020 年看到图文的新媒体形式已经不太景气了，于是就结合过往的写作功底，从零开始摸索短视频创作。

我过去在互联网公司工作时，曾对外招收过一些写作者，为公司供稿。当时有不少文笔不错的传统写作者来应聘，就是缺少了新媒体的思维。

出于同理心，我就告诉他们需要走出舒适区，研究一下新媒体的技巧和网感。但大部分人给我的答复都是，"新媒体太难了"或者"我不行的"，把失败归结于自我的能力不行，以至于也没有见到几个人转型成功。

走出舒适区去成长本身就是一件痛苦的事情，它意味着你需要逆着人性，学习你过往没有接触过的知识，和你不熟悉的人交往，到你没有去过的地方看一看。不过一旦你突破了，就会发现人生进入另外一种境界。

我非常认同《思考的技术》中的一句话，"懒于求知的人，将没有生存空间"。在如今这个**连卖菜都要不断升级迭代的时代**，学习对于每个人而言，都不应该是过去时态，而是一种现在进行时。

只有不断求知，不断思考，养成终生学习的态度，才不至于被社会和时代淘汰。**终身成长，才是这个时代最靠谱的"铁饭碗"**。

¤ 精华回顾 ¤

1. 成长型思维：拥有成长型思维的人认为，智力是可塑的，可以通过教育和努力提高。他们用乐观积极的态度去面对各种问题、困难和挑战。做事不易放弃，更能从过程中享受到乐趣，更容易寻求帮助，更加坚毅，所以更容易获得成功。

2. 舒适区理论：一个人在面临任务的时候，心理上会有三个区域。

舒适区，是让人觉得舒服的区域。处在这个区域，你会觉得放松，稳定，很有安全感。

学习区，是最能让人进步的区域。处在这个区域，你愿意学习新的知识，掌握新的技能，不断尝试新鲜事物，探索未知领域。

恐慌区，是学习潜力最低的区域。处在这个区域，你常常感到忧虑，恐惧，心理压力巨大以至于不堪重负。

破局思维：你没有退路，才有出路

2020 年国庆期间，我去电影院看了《夺冠》，当时有一幕让很少落泪的我，当场哭得稀里哗啦。

现任中国女排国家队队长朱婷，从河南农村走出来，上面有姐姐，下面有弟弟、妹妹，家里条件不好，她很努力，但从小的成长环境，让她极度缺乏安全感。

看到家里的负担很重，她甚至给自己留了一条退路，退出排球，去广东打工。

直到郎平大声告诉她，"朱婷，农村是你的出身，别拿来说故事，你去打工，人家都嫌你高"。

朱婷这才知道，她已经没有退路了。她必须为了女排梦，为了成为更好的自己全力以赴。

这才有了后来被誉为"MVP 收割机"的体育明星朱婷。

那一幕，让我想起自己在大学毕业后，也曾在人生的十字路口无数次徘徊：向右就是和身边大多数人一样，选择一份安稳的工作；向左的梦想之路，注定荆棘遍布，前途未知。

相信这也是大部分穷人家孩子的通病，因为贫穷，缺乏大胆和魄力，缺少面对人生的底气，就会习惯性的自我设限，这种感觉就像在开车的时候，一只脚踩油门，另一只脚踩刹车，无论如何努力，也无法前进半步。

猫，自己的边界被侵犯，这只猫就会愤怒。但如果这时候来的是一只老虎，猫就不愤怒了，它会恐惧。

我们可以想象，原本来的另一只猫，其实是一个你认为比较小的可达到的目标，而老虎则是一个你过往没有想象过的大目标。

小目标没有达成时，我们会产生愤怒、不甘的情绪；但面对大目标，我们又会天然地恐惧。

恐惧是边界，它会困住一个人的手脚，让你在面对大老虎的时候，不敢动弹。而且你的恐惧其实是毫无对象，只是你的头脑里，为你制造出一个虚拟的对象而已。

J.K. 罗琳说，你恐惧的是恐惧本身。你必须杀死扑退自己的恐惧。只有当你的决心大于恐惧，恐惧自然就会消失不见。

我曾采访过 26 岁就坐拥全网 3 500 万粉丝的 90 后主播蕊希，我问她，"是什么让你有勇气离职创业呢？"

她当时说的一句话，深深地烙印在我的脑海里：

"我从中央广播电台离职的时候，才 23 岁，就算最后失败了，3 年以后我从头再来，带着所有创业的经验和做节目的经验，重新再找工作，我不认为，会找不到一份还不错的工作。"

张德芬老师有一句话，"亲爱的，外面没有别人，只有你自己"。所有的外在事物，都是你内在投射出来的结果。

二十几岁，我们时常会感到恐惧：恐惧换工作，恐惧接触陌生人，恐惧恋爱，恐惧结婚，恐惧一切的变化……

一个人所拥有的世界边际是以他自己的勇气为限，勇气越大，拥有的会更多。每一次的恐惧，其实都蕴含着向上、向前的机会，是一次旧的平衡被打破，新的希望来临；是突破，是进步，也是成长。

"不破不立，小破小立，大破大立"，当你真心想去做成一件事情的时候，整个世界都会联合起来帮你。

三、如何克服恐惧？——向前走就是了

恐惧，原本是我们求生的本能。但如果一个人想要走向强大，你就必须克

背包扔过墙。简单地说，就是如果心里觉得一件事情自己必须要做，却又因为各种原因迟迟不敢行动，不如主动把自己逼到一个不得不做的境地，对自己下狠手，去完成必要的事情。

后来为了提高公众表达能力，我又采用这个方法，每次逼迫自己经常上台分享，从一上台就哆嗦，到面对舞台不再恐惧，再到后来站在舞台上侃侃而谈。

经过这件事之后，我以前会觉得勇敢是一种天赋，有些人天生热血，有些人天生胆怯。**后来发现勇敢不过是一道选择题，你选择了，接下来的故事也就开始了。**

时时，放下的恐惧，壮胆地明的迈，相信无论好坏，都会成为收获，你也会因此获得成长。

方法二：麦肯锡方法

小事情上可以采取"把背包扔过墙"的方式，对于自己来说并不会有多大的损失。但是比如租房、换城市、换专业等大事情，需要付出巨大的成本，不建议盲目行动。

其实一个人恐惧的原因，并不是事件本身有多让人害怕，而是由于经验、环境等因素，缺少了足够的信息支撑去做选择，从而自我制造出恐惧的小人。

因为无知，所以恐惧；因为恐惧，所以抗拒。

避免这种恐惧最好的方法，就是事先掌握足够的信息，做好每一个选择。

我在 2020 年正式租房之前，并没有太多租房的经验，对于房地产市场完全一无所知，这让我对租房这件事天然地产生恐惧心理，脑补过房东跑路、被中介坑等场景。

但后来还是没有办法，面临着当时公司给租的住房合同到期，随时会被"扫地出门"的窘境，我没有退路，必须迎难而上。比起以前的莽撞行事，我懂得策略性地采用从书本学到的麦肯锡方法作为行为指导。

第一步，确定你的目标和期望结果。

在麦肯锡问题解决步骤，最重要的是，一开始就要明确希望达到的目标和期望的结果。

我当时租房的第一步，就是要明确我期望找到什么样的房子：价格适中，中心地理位置，有厨房，有客厅，室友好相处。

1.把背包扔过墙：如果你想越过一堵高墙，觉得很难怎么办？方法很简单，就是直接把背包扔过墙。这样你一定能够想方设法翻过去，即比喻当一个人面对苦难时，切断自己的后路，有了克服困难的信念，才能置之死地而后生。

2. 麦肯锡方法：作为全球顶尖的管理咨询公司，麦肯锡总结一套解决问题的方法，让问题变得清晰而有逻辑。其有三大亮点：以事实为基础，问题分解和提出并验证假设。

多元思维：想要成为人生赢家，必须建立多元思维

金句

　　不管黑猫还是白猫，能抓住老鼠的就是好猫。能帮助我们更好成长的知识和方法论都值得学习。

——胃窦

你听说过盲人摸象的故事吗？

古时候，有几个盲人，他们不知道大象长什么样。

有一天，他们就决定去摸摸大象。有人摸到了象鼻，便认为大象是一条弯

如果选择专注事业，也许可以将事业做得很好、很成功，但必然同时失去了常人的很多快乐和悠闲。如果选择悠闲和简单的生活，就只能过一种芸芸众生的生活，肯定不会有名望和富贵。无论选什么，就必然有正面，也有反面。

这种二元平面思维的模式，只看到事物相反的两面，忽视了两个面之外的情况。

第三层：多元思维模式

多元思维模式的人，则认为二元是不够的，在黑白之外，灰色才是世界真实的颜色。

当一个人拥有了多元思维，他就能从更多的视角看待事物的本来面貌，而不仅仅是自己大学时学的专业，或者工作里面培养出的惯性思维看待问题。

我们生活的这个世界和社会，其实是一个复杂的整体。你必须知道这个世界真实的样子，而不是你以为的样子，或者你希望的样子，只有这样你才能做出正确的选择。

得到创始人罗振宇曾在一篇文章里写道，"只要是人类的思维模型，都必然体现的是一个残缺的世界，都忽略了真实世界的某个部分。当绝大多数人在以某种模型思考问题的时候，你能在关键问题上用不同的模型思考问题，你就容易获得认知优势"。

为了培养多元思维，我还特地学习过得到的课程，他们邀请到 48 位各行各业的顶尖高手来分享他们在行业里解决高难度问题的 48 个思维模型，例如导演思维、演说家思维、决策思维等。

现代社会学习的目的不是获取更多的信息，而是学习更好的思维模型。也只有当你培养起多元思维，用回归本质的思维去思考，才能获得一秒看透事物本质的能力。

二、如何培养多元思维

相信读完前面的内容，你肯定对多元思维产生了浓厚的兴趣，但心里又会犯嘀咕，想要拥有多元思维，对于普通人而言，是不是一件很困难的事情呢？毕竟，一个人不可能知道世界上的所有知识。

"牛顿定律"，这些知识除非我们走上某一个领域做学术研究，否则在职场上似乎一点儿也派不上用场。

直到学习思维模型的相关知识，我才恍然大悟，原来那些年里，我们是在学习重要学科的重要理论，也正是各个学科的底层思维模型，帮助我们构建起对这个世界的基本认知。

根据"二八法则"，我们不需要学习和了解所有的知识，只需学习各科最杰出的思想，抓住要害，就可以解决绝大多数问题。

重要学科的重要理论，是人类经过几千年的演化，沉淀下来的经典，也是顶级高手每天都在刻意练习和使用的方法。比如，生物学的自然选择，经济学的看不见的手，心理学的"象与骑象人"，化学的自催化效应等，都是该学科的重要思维模型。

思维模型就是用简单易懂的图形、符号、结构化语言等组成的可视化的模型，是分析解决问题的可视化的"心理结构"，是模块化的知识，是解决问题的思维公式。

思维模型是人类文明进化过程中形成的金字塔顶端的蓝宝石，是重要学科的重要理论，是人类知识海洋沉淀下来的经典，也是顶级高手每天都在刻意练习和使用的重要思维模型。

第三步：把思维模型进行跨学科组合，打造多元思维模型

芒格在《穷查理宝典》中有一句话："一个人如果掌握 100 个思维模型，你就可以比别人更聪明。"

他在历史学、心理学、生理学、数学、工程学、生物学、物理学、化学、统计学、经济学等多学科的重要思维模型中，找到了 100+ 顶级思维模型，自创了"多元思维模型"，包括能力圈模型、价值投资模型、复利原理、排列组合原理、决策树理论、复式簿记、断裂点理论、误判心理学、规模优势理论等。

在他看来，一个人必须拥有多元思维模型——因为如果你只能使用一两个，研究人性的心理学表明，你将会扭曲现实，直到它符合你的思维模型，或者至少到你认为它符合你的模型为止。

多元思维模型，是一种把众多学科的知识结合起来的复式框架，可以成为你思考问题的方法。当你拥有的思维模型越多，你就更好地认清事物，分析问题，从而解决问题。

第四步：刻意练习，组合进化，学以致用，不断验证迭代

对于我们所有人，最难实现的两件事，一件事从"知道"变成"做到"，还有一件是从"刻意做到"到"成为本能"。

知道不等于学到，学到不等于会用。比如我一开始接触思维模型，就是习惯性把它放在收藏夹里没太理会。直到有一次工作上学习了冰山模型，从知识、技能、能力、隐藏特质，深度剖析自己，我瞬间对思维模型产生了浓厚兴趣。

于是，我便把前人跨学科组合起来的思维进行深度学习，坚持在朋友圈里打卡一个思维模型，成功打卡 100 天，相当于粗略认识到 100 个思维模型。（注：我把 100 个重要思维模型整理出来，你可以到我的公众号【胃窦 Elaine】回复关键词：思维模型，即可获取）

以至于现在每次遇到事情，我脑海里都能不由自主地浮现出各种思维模型，而且还能自己组建出不同的思维模型，从而快速、有框架地去解决各种各样的问题。

比如我在【破局思维】分享过自己如何使用麦肯锡方法，成功地租到自己理想中的房子，之后我又把这个理论重新进行梳理，将它又延伸到生活的其他方面。

我们都听过一句话，"为什么你知道那么多道理，依然过不好这一生呢"？

以前我只是觉得这句话听起来好有道理，但说不出好在哪里，直到现在才明白，**知道不等于学到，学到不等于做到，无论多么正确的道理，都不会让你真正受益，除非你建立了自己的底层思维框架，通过刻意练习，相信并贯彻，才能让知识变成自己的智慧。**

有人做过一个非常形象的比喻，就像切削钻石原石一般，多元思维模型从更多的角度，观察钻石原石的纹理，再开始动刀，于是能得到一颗璀璨夺目、圆润饱满、卓越品质的钻石。

在这个充满不确定的时代，愿每个人都能拥有多元思维，在大脑里植入一颗独一无二的璀璨钻石。

打卡，睡前会分享当天最深的感悟，见新朋友、老朋友也会合影留念，朋友圈已成为我的成长记录阵地。

做素材：把朋友圈的内容作为自己写作的灵感素材积累，这些内容可以成为写书、做培训、演讲的素材，实现多元化复用。

做分发：我会把朋友圈的动态同步更新到自己的多个新媒体账号，吸引外部的粉丝读者。

做人设：朋友圈内容记录自己的日常所思、所悟，让朋友和读者都能通过朋友圈就了解我、喜欢我。

做人际关系：我每一次见朋友都会拍照留念，发到朋友圈，从而吸引想认识我的人主动来邀约，从而经营自己的人际关系圈……

经过两年多的刻意积累，我的私域流量积累了一万多名铁杆好友和粉丝，他们了解我的过去，知道我的目标，愿意支持我。同时把很多原本只停留在点赞之交的好友转化到线下见面，再成为好友。无形中还帮我吸引来了很多同频合作者……

朋友圈的这种复利模式，起初你可能很难见到起色，只有经过长时间的积累，信任的加深，到了某一个临界点，你才会体会到背后复利的威力。

畅销书作家粥左罗在《学会成长》说，**凡可积累，皆有复利**，一个人一生的命运，是你所有选择叠加的结果，只有利用复利启动增强回路，你的每一个选择都在一圈一圈的循环增强中"利滚利"，知识、能力、资源、人际关系、信誉品牌皆可复利。

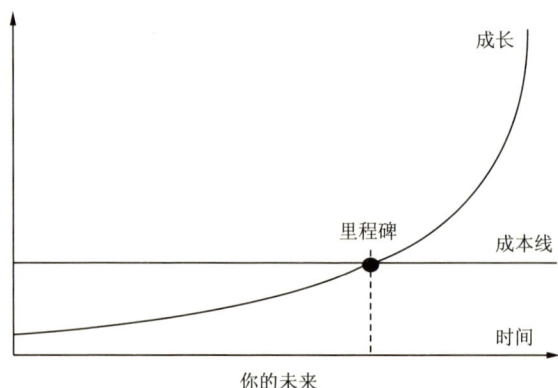

你的未来

是的，一切有意义的成长过程都符合"复利曲线"，这种复利，有点儿像从山上往下滚雪球，最开始的时候雪球很小，但是往下滚的时间足够长，雪球就会很大。

二、复利是世界第八大奇迹

爱因斯坦说："复利是世界第八大奇迹。"

复利，原本是一个金融概念，俗称"利滚利"。复利思维是指做事情 A，会导致结果 B；而结果 B，又会反过来加强 A，不断循环，增强回路。简单来说，就是你上一个阶段的投入，会成为下一个阶段投入的优势。

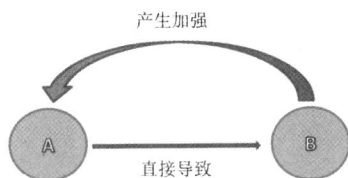

在经济学上还有一个复利公式：复利 $=P\times(1+R)^N$，P 为本金，即现有的成长，R 为你正在做事情的收益率，N 为时间。

随着时间 N 的推移，你会发现，初始的 P（现有的成长）并没有那么重要，它不需要你多聪明，也不需要你的起点有多高，只要你坚持做收益率 R 为正的事情，就能成为时间的朋友。

那么，如何判断所做事情的收益率 R 是否为正呢？

在《高效能人士的七个习惯》里提到，看一个人的时间和精力集中在哪些事物，就能大致判断对方是否具备复利思维。

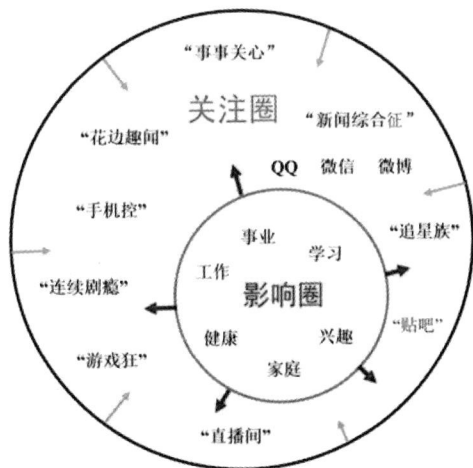

消极被动的人，不具有复利思维的人，他们会把时间和精力都花在他们无法改变和影响的"关注圈"的事情上。

而积极主动，具有复利思维的人，则会脚踏实地，把心力投注于做自己力所能及的事情上，不断在扩大自己的"影响圈"。

事实也证明，越强大的人，越只关心自己"影响圈"内的事情。当你越不去关注"关注圈"的事情，越能聚焦，就越能集中精力做好手上重要的事情。

因此，我们可以将一个人的行为分为价值和复利两个维度看待，价值指你现在的心情、物质、金钱等，复利则对应未来，指现在做的事能否对未来产生更高的价值，再将日常生活小事划分为四个象限：

高价值 + 高复利：找到真爱、经常认识新朋友。

高价值 + 低复利：买当季流行衣服、玩手机游戏、看网络小说。

低价值 + 高复利：坚持每天复盘、坚持锻炼身体、每天读书半个小时、刻意练习一个技能。

低价值 + 低复利：漫无目的刷微博、关注娱乐圈各种八卦新闻。

当 R 为正时，就好比我们在【成长型思维】讲到的你每天坚持学习半个小时，进步 0.01，也许一两天，你和别人的差别无法显现出来，但几年、十几年之后，差异是你难以想象的，这就是复利的力量。

所以，只要 R 为正，即你在做正确的事，你的知识和能力就会在时间的复利作用下持续地积累和增长。最终，这些行为带给你收获和回报，将会远远超出你的想象。

永远不要低估复利的力量，在你的成长过程中，尽量多做能启动增强回路的事情，少做一次收益清零的事情。**当你积累到一定阶段，就会发现成长不是线性增长，而是呈一个指数型的增长。**

三、如何建立复利思维

按照复利公式，复利 $=P \times (1+R)^N$，你可以发现，我们现阶段的状态 P 是不可控制的，真正决定最后复利效应的只有两个关键因素，收益率和时间。简单概括，想要提高复利效应就是：第一，找准方向；第二，持续积累。

第一，找准方向。

以前读书、上大学，直到工作，我坚信一分耕耘，一分收获，习惯于用努力和勤奋来麻痹自己。

但在现在的我看来，这些都不过是用战术上的勤奋掩盖自己在战略上的懒惰。

我们迷茫的大部分的原因，不是身体上的懒惰，而是思维上的懒惰。

这个社会，努力的层次有三层：

第一层，低质量的努力，大多数人都是这一层。

第二层，有方法的努力，高效利用时间和调度资源。

第三层，减少目标，通过战略努力，找到核心竞争力，少做事、做对事。

别盲目相信勤奋的力量，熬夜加班和你在家躺床上睡大觉，很多时候没有多大的区别。

有人对"高水平勤奋"做过一个定义：一个人在每一个阶段，都能认知到系统（大系统—人类社会，中系统—国家，小系统—行业和城市）的变化趋势，按照市场规律，系统的趋势，并结合自身的情况，抓住几件重要的事作为行动组合，从而最大化利用自己在这个阶段的时间、注意力、技能、资源、人际关系来创造价值，就能产生指向目标的复利收益。

当你在选择一份工作或副业，如果这件事情不能给你带来高复利，那不管现在拿到的薪资再高，我都不建议你去做。在职场初期，要记住，最重要的增长不在于工资水平的增长，而在于能力的提升和社会网络的建立，以及未来赚钱能力的提升。

我在最初进入新媒体行业的时候，曾经也为了稿费，追流量写热点文。但一段时间后，我发现费尽心力写的作品几乎只有一天的生命，根本不可能有复利效用。

于是，我主动拒绝编辑的约稿，把重心调整到能产生复利效应的个人成长方向，通过持续学习和思考，输出对个人成长有帮助的内容，发到社交平台上，既为出书做准备，也增加了曝光率，一不小心还成为"知识网红"。

所以，我也从来不建议大家在工作之余，去开滴滴赚点儿小钱，追热点文赚稿费，**把时间分配给能够带来价值的事情，复利才会发生作用。**

当你不知如何选择的时候，可以问问自己：这件事情能否让我成长？能否锻炼我的能力，让我更加强大？

如果答案是否定的，那就大胆把这件事情砍掉。在二十几岁的时候，无论是从个人成长还是长期收益来看，我们的成长都远比当下能赚多少钱重要得多。

做正确的事情，远比正确地做事情要重要得多。在我们的成长过程中，类似于从事什么行业？在哪座城市工作生活？和谁结婚？其重要性远远超过其他事情。如果你都能做对的话，积累起来，人生就会产生强大的复利效应。

第二，持续积累。

现在很多朋友，有时候会说我的人生像是"开挂"一样。

25岁，国企裸辞，独自"沪漂"，在没有任何经验的条件下，竟然进入大型互联网公司。

26岁，就采访到多位知名大咖。

29岁，出版自己的第一本书。

他们看到的我开挂的人生，其实是我逐渐积累了一些名气之后才被注意到的。

我当年之所以能在没有任何经验的情况下转型加入一线互联网公司，那是我从小就不断积累的文字功底。

后来转型到新媒体，我又经历过3个月的投稿无门，才逐渐从名不见经传的写手，让文章发表在十点读书、有书等平台，出过多篇"10万+""100万+"的文章。整个过程可以说是十多年沉淀的结果。

就像巴菲特的投资理念其实非常简单，但为什么大多数人都复制不了他的做法？原因就是没有人愿意慢慢变富。而复利真正的核心，其实是时间的积累。前期增长可能非常缓慢，直到达到一个点才会飞速增长。

大多数人总幻想着一夜暴富、一夜成名、一夜逆袭，用最短的时间获得最大的收益。但高收益意味着高风险和高失败率，真正的智者更愿意靠日拱一卒的积累，去收获量变到质变的飞跃。

很多事情都是坚持到后面，突破了临界点才会爆发出效果。

据说，有一种竹子，名叫"毛竹"。

毛竹用了4年的时间，也只不过长了3厘米，但到了第5年以后，每天以30厘米的速度成长，只用了6周的时间就可以长到15米，没过多久就变成郁郁葱葱的竹林。

虽然在之前的 4 年里，它只长了 3 厘米，但它将根在土壤里延伸了数百平方米。

做人、做事也是如此，即使现在的你拼了命，努力也看不到成果，或者不为人所知，但并不是你不在成长，而是你在像竹子一样把根深深地扎进土里。等待时机的成熟，登上别人遥不可及的巅峰。

每一个优秀的人，都会有这么一段时间，埋头努力看不见立竿见影的效果，我们把这段时间称为"向下扎根"。但只要时间足够长，下功夫足够深，熬过那 3 厘米，找到"临界点"之后，就会实现"爆发性增长"。

只是大多数人总是高估自己一年的变化，却低估自己坚持 10 年的成就。就像我以前总是容易间歇性雄心壮志，斗志昂扬，只是不超过一天就会被打回原形。但现在的我更懂得，不管是成长还是投资，靠的是日复一日的积累，就是今天总在昨天的基础上进步一点点、再进步一点点。

成功的道路并不拥挤，因为能坚持到最后的人其实并不多。愿每个人都能找到你的复利曲线，在一个点上发力，做到极致，那么这一生也就不会太差。

¤ 精华回顾 ¤

1. 复利思维：

做事情 A，会导致结果 B；而结果 B，又会反过来加强 A，不断循环，增强回路。简单来说，就是你上一个阶段的投入会成为下一个阶段投入的优势。

2. 关注圈和影响圈：

全球最卓越的领导力大师史蒂芬·柯维博士在《高效能人士的七个习惯》提出关注圈和影响圈的概念。"关注圈"是指我们日常所关注的事情，如健康、家庭、事业、环境、时事、新闻、娱乐、八卦等。而"影响圈"则是在我们的"关注圈"之内、个人能力所能影响的事情。

3.努力有三个层次：

第一层，低质量的努力，大多数人都是在这一层。

第二层，有方法的努力，高效利用时间和调度资源。

第三层，减少目标，通过战略努力，找到核心竞争力，少做事、做对事。

学习篇

一个普通人想要摆脱平庸，学习就是最好的出路。

在这个娱乐至上的时代，学习可以说是一种稀缺的品质。尽管任何知识都不能给你带来好运，但它们能让你悄悄变成你自己。

但比起盲目学习，掌握正确的学习方法，用 T 字形学习法升级大脑底层操作系统，搭建知识宫殿，系统学习一门学科，用肌肉能力法把知识变成实实在在的能力，通过输出倒逼输入，同时站在巨人的肩膀上模仿，快速迭代。

学习就是这样一件困难而正确的事情，你只需长期坚持做，等待时间的回报即可。

T 字形学习法，全面升级你的底层操作系统

经常听到有人说现在读大学就是在浪费时间，还不如念个大专，方向对口，还好就业。

其实不然，不是**读书没有用**，是你读的书没有用。

"一招鲜，吃遍天"的时代已经过去了，未来需要的是复合型人才，你学过什么知识并不重要，重要的是能综合所学的知识解决问题的能力。

你需要一种"T 字形"学习法，用字母"T"表示，纵向的"丨"表示你在某一个领域的深度，你需要在这个领域精学到 80 分，甚至 90 分；横向的"一"表示有延展性、广博略学其他领域的重要技能，不能低于平均水平 60 分。

再结合"二八法则"原理，你要把 80% 的精力和深度思考留给精学，在纵向上做到少而精；20% 的时间在横向上做得越来越广。两者的结合，既有较深的专业知识，又有广博的知识面，才能成为这个时代稀缺的人才。

"T 字形"学习法 =80% 精学 +20% 略学

一、冰山模型，正确认知自我

学习的核心是长本事，我们应该是最了解自己的人，要根据自我优势做针

对性的自我提升计划，而不是按照学校、父母给你划定的节奏走。

美国心理学家麦克利兰于 1973 年提出【冰山模型】，它将个体素质的不同表现划分为三个层面，是现在很多大公司用来做人才招聘、培养的基础模型。

首先，冰山以上的部分是知识和技能。这一部分就像海面上的冰山一样，是你呈现在人们视野中的显性素质。

所谓的知识，就是你在学习和实践中获得的认知和经验，比如财务知识、人力资源知识、法律知识等。

它可以说是进入某个行业的门槛，优秀与否，关键在于是否形成体系知识。这一点，我在下一节【知识体系】中会重点讲解。

技能，是指你掌握并能运用的某项专门技术，比如基本办公室软件 Word、Excel 和 PPT 的操作技能。

一个人的知识和技能可以靠培训和学习获得，也是容易了解与测量的部分，比如你在大学期间考过各种证书，法律职业资格证书、企业人力资源师证、公共营养师证、普通话证书……都是在向别人证明你具备了这方面的知识和能力。

盘点自己的知识和技能，对你的职业选择和个人发展是有重要的指导意义。比如你有一份特别心仪的工作，就可以结合岗位的具体需求，有针对性地去提升。

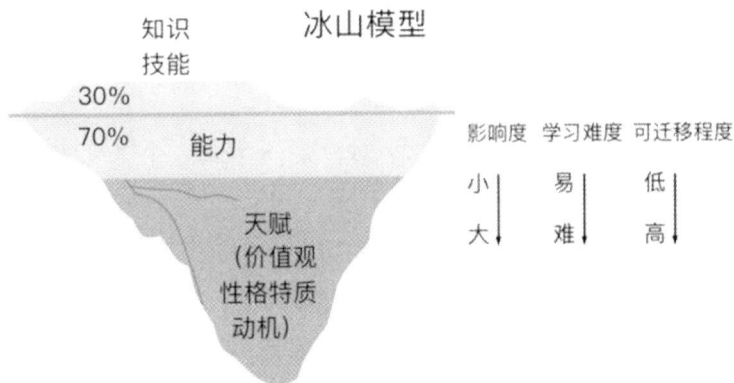

其次，是冰山中间的能力部分，半隐半浮，有些能力容易体现出来，如沟通能力；有些能力则不易被察觉，如领导力。

它包括专业的能力，以及通用能力（如写作能力、沟通能力、结构化思维能力、沟通能力、演讲能力、领导力等），一旦培养起来，可以在多领域通用。

能力的培养周期相对长一些，需要以知识为基础，然后再通过刻意练习，才能将知识内化成能力。这一部分我会在【能力】这一小节专门讲解。

冰山以下最下面的一层是天赋，包括价值观、性格特质、动机，我总结为隐藏特质。

这是你平时几乎看不到的部分，但它决定了"你到底是什么样的人"，会选择什么样的事业，同时也很难改变。

这一部分，在本书的【定位篇】，我已经提到相关内容：如何通过热爱的事、擅长的事情、价值判断，找到自己的核心定位。这和你的人生目标密切相关，也就是你要选择的精学方向。这里不再赘述。

二、精学——10 000 个小时定律

所谓的精学，就是需要你拿出一大整块的时间，去锻炼出一项或两项硬本领。这项硬本领就是你的护城河，甚至是撒手锏，只要你一出手，别人就没饭吃了。

在这个时代，总会传出裁员的消息。那些被迫失业的员工，大都是缺乏护城河，容易被替代的人。

真正聪明的人，都会下笨功夫，找到自己的护城河，通过精学，不断加宽和巩固它。

相信很多人都听说过 10 000 小时定律，成为某个领域的专家需要 10 000 个小时的学习积累。10 000 个小时，如果每天工作 8 个小时，一周工作 5 天，那么成为一个领域的专家至少需要 5 年。

通过这 10 000 个小时的学习，要求你在这个领域，不仅要具备基本知识和技能，还要具备别人短时间内无法超越的能力。

举个例子，号称每天要用几百种口红的男人李佳琦，90 后的他，只用了 3 年，就从月薪 3 000 元的柜员，成长为月薪 7 位数的超级主播。

很多人觉得他的成功，无非是选择"直播"风口，以至于蜂拥进入直播行业。

但你可能不知道他在成为超级主播之前，因为热爱美妆，选择成为化妆品柜台的一名导购员，积累了丰富的美妆知识和经验，上千只不同品牌的口红，他看一眼，就能告诉你这是哪个品牌、哪个色系的哪种型号的口红。

后来，当上美妆博主之后，他更是一年 365 天直播 389 场，导致声带受损，6 个小时试了 380 支口红试到有了心理阴影，超过 10 000 个小时的积累，才有

了今天的成绩。

正如稻盛和夫所说，付出不亚于任何人的努力：比任何人更多钻研，而且一心一意保持下去。如果有闲工夫抱怨不满，还不如努力前进、提升，即使只是前进一厘米。

而且，专业和业余之间的差距，有时比业余和"狗"之间的差距还要大。

有些事情我们稍加努力，就能轻松做到业余的 60 分，但要达到 80 分就需要付出成倍的努力，到 90 分就更难了。

所以，每次看到市面上很多宣传的噱头，说学了什么课程，让你月入过万，我都报以怀疑态度。

在现在新媒体这么发达的时代，很多人认为谁还不认识几个字，写作很容易，纷纷想涌入写作的赛道。

但如果你真的报了课程，学习写作，就会发现，起初上手写几篇还是很容易的，但坚持一段时间，就很容易灵感枯竭，半天憋不出一个字来。

如果这时你不能突破，选择放弃，就相当于在 60 分水平里停滞不前，下一次换个行业还得从头再来。

其实，我们大多数人的努力根本没有达到拼天赋的程度，无非就是你付出多少努力就有多少收获。

杰出也并不是一种天赋，而是一种人人都可以学习的技巧。如果你想要变成一个厉害的人，就要在 10 000 个小时的基础上刻意练习，可以分为简单三步：

第一，掌握正确的知识，发现或创建事物背后的思维模型或方法论。

第二，通过反复练习，将这个方法"内置"到自己的大脑，使其成为一个自动化反应的心智模式。

第三，找个好教练，给予及时的反馈。

在"学习→练习→反馈→优化→学习……"的循环中，实现自我提升。在这个过程中，10 000 个小时定律，它就像筛筛子，先筛掉三分钟热度的人，再筛掉没有耐心的人，最终只留下内心强大、坚持努力的人。

而且一旦你突破了，从量变到质变，成为前 20% 的选手，就能够在该领域得到最高价值的回报，获得有说服力的跳板和实用的砝码，拥有跳转新的赛道的主动选择权。像很多歌星在成名之后，会转换到影视行业，也是这个道理。

水要一定烧到 100℃才能沸腾，人生不能浪费时间在一次次"半途而废"的状态中。与其制造十个锅的水都煮不开的状态，不如将一锅水煮到沸点。

三、略学

"T 字形"学习，要求你除了在某一个专业领域之外，要有一两项 80～90 分的硬本领，也要求你具备一些基本知识、通用技能和能力，在其他的领域也能做到 60 分。比如你在公司工作，至少要具备基本办公室技能和通用能力。

当然，这些技能和能力，并不需要你达到非常优秀的水平，只要能够拿得出手就行。比如上级让你做一个汇报，那你至少能做一份 60 分以上的 PPT。你是一个程序员，写代码是你的强项，但沟通能力也不能太差，至少要能把事情表达清楚，否则如何和其他同事协调合作呢？

不过，相比成为某一个领域的专家，需要 10 000 个小时才能达到。你只需 20～30 个小时就能入门一样东西。

按照冰山模型，在获取冰山以上的知识部分，可以参考《五分钟商学院》的刘润老师分享过关于略读的方法，面对"精通"行业 99% 细节的客户，作为商业顾问的他只用 20 小时，就能"学会"行业 80% 的核心逻辑。他的方法包括四步：

第一步，大量泛读

比如你想学习"区块链"，先上豆瓣网，搜索"区块链"关键字，找到评价最高的 3 本书；通过"买过这本书的人，还买过哪本"的方法，再选 5 本；最后，加 2 本不畅销，但明显系统性强的书，比如《区块链原理》等。

开始泛读这 10 本书，不是逐字逐句读，而是先读自序和目录，然后读每一章的核心观点，记录概念和公式，然后再记录自己的疑惑和想法。

建议选择电子书，可以大大提高标注、回顾、记录的效率。

第二步，建立模型

找一面巨大的白板墙，把标注的概念、模型、公式，写在即时贴上，贴到白板上，再用白板笔和板擦，建立、修正它们之间的关联，逐渐形成系统模型。类似思维导图。

第三步，求教专家

必须先建立模型再求教，如果你没有形成基本的全局观，问不出好问题。如果你不知道去哪里找业内专家，可以上类似于"在行"之类的平台，花些费用，带着问题虚心求教。然后，修正你的模型。

第四步，理解复述

使用"费曼学习法"，讲给别人听。

5 小时泛读 +3 小时建模 +2 小时求教 + 剩下的 10 小时在"复述"上。最终，你就用 20 小时，快速入门一项完全陌生的知识。

类似办公室基本技能，你也可以通过一些略学的小技巧迅速通关。比如我在刚开始工作，曾经一星期才憋出了三页 PPT，被领导批到一文不值。

痛定思痛，我自学后才知道，制作一份 90 分的 PPT 很难，但要做到 60 分，只需掌握以下三点即可：

首先，就是找到一份合适的 PPT 模板。

其次，梳理 PPT 的结构逻辑。

最后，把文字表达尽可能变成图像表达模式。

我掌握这套基本方法之后，每次都能轻松搞定年终报告、汇报、演讲等需要 PPT 的场合。我建议这些基本技能，你在大学的时候就要锻炼起来。未来在职场上会对你的发展起到关键的帮助作用。

至于位于冰山中间的能力，例如沟通、写作、演讲等，我们在后面会用一个小节专门讲解。

这是一个需要终身学习的时代，如果你想要有所成就，就要学会"T 字形"学习法，找到自己精学的方向，把 80% 的精力和时间花在这个领域上，锻炼出别人短时间无法超越的能力。其次，将 20% 的精力花在基本知识、技能和能力的学习上，不能被它拖了后腿，够上平均水平即可。

你未来的人生，都是要靠实力说话。你在 18 岁没学会的技能，到 25 岁可能会让你错过心动的东西。你在 25 岁没积累的能力，可能让你在 35 岁遭受生活的碾压。

只有在年轻的时候全力以赴，不遗余力地打磨自己的核心竞争力，提升学识和认知，你才有资格期待一个好结果。

¤ 精华回顾 ¤

1. "T字形"学习法＝80%的精学＋20%的略学，把80%的精力和深度思考留给精学，做到少而精；剩下的20%，在横向上做得越来越广。

2. 冰山模型：美国心理学家麦克利兰提出的一个著名模型，将人员个体素质的不同表现表式，划分为表面的"冰山以上部分"和深藏的"冰山以下部分"。

"冰山以上部分"包括基本知识、基本技能，是外在表现，是容易了解与测量的部分，相对而言也比较容易通过培训来改变和发展。

而"冰山以下部分"包括社会角色、自我形象、特质和动机，是人内在的、难以测量的部分。它们不太容易通过外界的影响而得到改变，但却对人员的行为与表现起着关键性的作用。

3. 10 000个小时定律：作家格拉德威尔在《异类》一书中指出的定律，人们眼中的天才之所以卓越非凡，并非天资超人一等，而是付出了持续不断的努力。10 000小时的锤炼是任何人从平凡变成世界级大师的必要条件。

4. 刻意练习：如果你想要某个细分领域的高手，就必须掌握该领域具有结构化的知识和技能，再加上大量重复的刻意练习，即：

（1）掌握正确的知识，发现或创建事物背后的思维模型或方法论。

（2）通过反复的练习，将这个方法"内置"到自己的大脑，使方法成为一个自动化反应的心智模式。

（3）找个好教练，给予及时的反馈。

3 个月通过司法考试，
你要学会搭建知识宫殿

如果你想学习如何写一篇高转化的文案，一般会如何学习？

今天在公众号微信看到一条推送"使用这 5 个标题公式，你也可以快速写出高转化文案"，你觉得很有道理，赶紧收藏起来。

还是明天听到身边同事介绍说，"写文案一定要懂得洞察用户的心理"，就忙着记录下来。

再后来刷知乎时，看到"100 条必背文案，建议收藏"，你觉得也不错，赶忙一条条摘抄记录并背诵下来。

······

可是当你发现自己记录了满满的一大摞笔记，但发现每次要使用的时候，脑子就像一团糨糊，根本不知道从何用起，间歇性的踌躇满志，忙忙碌碌却还在原地踏步。

利用碎片化时间学习不可怕，可怕的是你学到的是碎片化信息。

在手机屏幕的时代，每个积极努力的人知识总量都差不多，但这些知识是支离破碎地散落在四处，还是互相扶持成为体系，决定了一个人思维的高度。

一、什么是知识体系

我们日常接触的大部分信息，其实就是一堆零碎的东西。而知识必须是信息形成结构，互相之间形成关联之后，再存入我们的大脑库存。

按照知识的演进层次，DIKW 体系按照知识在脑子里形成的难易程度，分成四个层次：数据、信息、知识、智慧。

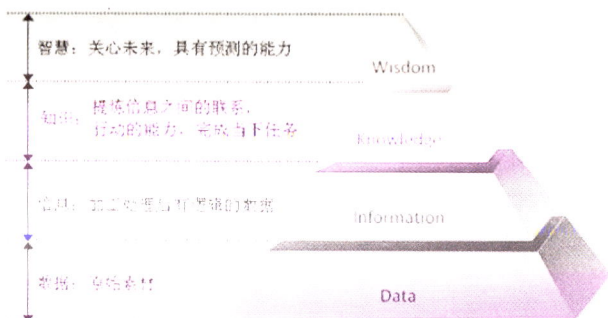

处于底层的是最基本的数据，就是你从外界直接摄取的数字、文字、图像、符号等，包括别人传授给你，从书本上直接获得的知识，都属于没有经过任何处理的信息，很多人对知识的摄取就只停留在这一层。

往上数第二层叫作信息，这个知识是通过外界摄取的数据进行加工得来的，比如你读完一本书，做了一张思维导图。这张思维导图是融入了你的思考和创造之后，加工处理后的有逻辑的信息。

往上数第三层叫作知识，要求你必须在某个领域拥有足够多的信息后，提炼出信息之间的联系，将它们有机整合成一个整体，形成一个系统。信息与信息之间，彼此有强关联，属于同一个系统，并不是零散；组合体系的知识，并非东拼西凑别人的"口水"，而是大量的加工数据后形成的。

最高一层的智慧，也是最难得的，可以简单归纳为正确判断和决定的能力，它是在知识的基础之上，通过经验、阅历、见识的累积，形成对事物的深刻认识，以及对未来的洞见。

想要拥有智慧，并不是一件容易的事情，这里暂时不讲。本节将重要介绍如何搭建第三层的知识，形成单门学科的知识体系。

我的第一次知识体系的搭建，花了 3 个月的时间，搭建起一个庞大的法律知识体系。虽然现在并未从事法律的相关工作，但方法都是通用的。下面将以我参加司法考试的案例详细叙述。

二、如何搭建知识体系

大家都知道国家司法考试被称为"中国第一难考"，18个科目，358万字的教材，290多个法律法规司法解释，220万字的真题，700多万字的基础阅读材料，这个量几乎超越了人类的记忆极限。

如果把知识体系做一个比喻的话，它就像我们的一座知识宫殿。它宏伟壮丽，但并不是高不可攀。

你可以把自己想象成一名工程设计师，现在要建造一座叫作"法律"的知识宫殿。俗话说，**万丈高楼平地起，一砖一瓦皆根基**。建造房子最重要的就是由点成面，由面成体，把一块块零散的砖头垒成高楼大厦。

在正式讲解知识体系搭建之前，我们先了解它的最小颗粒——知识点，它就相当于构成大厦的一块块砖头，是一个个相对独立的知识要素。比如，《中华人民共和国婚姻法》（以下简称《婚姻法》）规定，结婚年龄，男不得早于22周岁，女不得早于20周岁。就是一个简单的知识点。

但如果你想要和另一半结婚，光知道这一个知识点，肯定是不够的。

3～4个知识点在结构上存在一定的逻辑关系，就会形成一个知识链。比如，《婚姻法》对于结婚条件的要求，除了年龄，还对血亲、意愿等方面做出规定，就是一个知识链，相当于大厦里的一面墙。

知识链与知识链相互关联，就会形成一个知识网。《婚姻法》除了对结婚条件做出规定之外，还对离婚、家庭关系做出规定，它们彼此之间就构成了一个知识网，就像一间间独立的小房间。

除了《婚姻法》之外，还有行政规章，最高法、最高检出台的司法解释等，就构成了一个简单的婚姻知识体系。了解完这些基本概念，我们再来讲一讲如何搭建知识体系的宫殿。

第一步：明确学习目标

在搭建之前，你首先要找到你的目标，再使用逆向思维以目标为终点，反向分析要完成这个目标，你必须掌握哪些知识？

比如我当时为什么想要参加司法考试，主要是我本科虽然需要学医学和法律双专业，但学校只能颁发医学学位。

当时，我已经很明确自己并不想要从事医学相关的工作。那么，就必须通过一本法律证书来证明自己拥有法律相关从业资格。

有了学习的原动力，接下来要设定学习目标，而且目标要求明确具体，可采用 SMART 原则做计划：

S=Specific，目标必须要具体的。

我当时的目标就是要通过司法考试，为此我制订了一个大概 100 天的学习计划，每天 10 个小时，分四轮复习的高强度学习。

这就符合目标设定必须明确具体，将大目标分解成具体的小目标实施，甚至我还将计划细化到每个阶段的学习内容，比如多久完成第一轮的复习，多久学完某一门学科。

M=Measurable，目标必须是可衡量的。

我当时的衡量方式就是 600 分的司法考试，通过分数至少是 360 分。但我并不想要低分飘过，当时给自己设定的目标是 400 分。后来的成绩 383 分，也证明设定高目标，更有利于实现自我要求。

目标的衡量标准，要遵循"能量化的量化，不能量化的质化"，尽量使用一些可以衡量的数字来评估，否则会容易造成目标感缺失。

A=Attainable，目标是可实现的。

在正式备考之前，我咨询过相关的学长、学姐，有人能通过 3 个月的强准备通过考试。加上我大学时期其实陆续学过相关的法律知识，并不是完全从零起步。只是要把平时学到零零散散的信息，形成整体的法律体系。

一口吃不成一个胖子，定目标切勿好高骛远，一定要从自己的实际情况出发，一步一个脚印才有可能完成。

R=Realistic，制订的计划与目标相关的。

我当时设定四轮复习计划，从第一轮熟悉所有的知识点，到第二轮真题研读，再到第三轮的重点知识突破，最后到所有的知识灵活应用，每一轮的复习，都是为了最后能顺利通过考试做准备。

你制订的每一个计划和小目标，都应该和你最后想要达成的大目标是相关的，才能够起到事半功倍的效果。

T=Time-based，以时间为衡量尺度。

我当年考试的时间是 9 月下旬，距离我 6 月底正式准备，大概 100 天的时间，每天学习 10 个小时，就是"1 000 个小时"，足以让我成功晋级成一个具备基本法律素养的"新星"。

目标的设置要有一定的时间限制，不宜过短，也不宜过长，既会给到你相应的紧迫感，也会让你看到希望。

所以，如果你没有明确学习目标的时候，别急着开始。只有你先找到激发内心的原动力，用 SMART 原则制订出你的学习计划，才能更好地完成目标。

第二步：搭建框架

在明确了学习目标之后，你可能会想：我对这个领域还不了解，要怎样去搭建框架呢？

答案是：找到一个已有的体系，而不是自己去搭建。

比如，虽然我在大学期间也学过法律的一些课程，但是非常零散，对于怎么使用，以及各个法律之间的关系，在准备司考前完全是不清楚的。

试想如果凭借我当时的法律知识，完全不可能搭建起整个法律体系框架。

在这个阶段，我去找到相关的大纲解读，先大致了解一下整体的法律框架和需要学习的理论知识，知道这座大楼具体要盖几层，每一层楼要盖几个房间，做到心中有数。

在这里，给大家一个建议，如果大家新翻看一本书的时候，搭建知识框架最好的方法，就是先去翻看书本大纲目录，将大纲目录做成一个思维导图，思考作者为什么要这样编排目录。

这样你对该书就有了基本的框架认知，后续再看其他内容，脑子是有一个导图在指引的，不再是零碎的知识点，不至于最后书本看完，却什么也没记住。

第三步：在框架里填充知识

接下来就到了最需要花费时间和精力的一步，就是用砖头把每个楼层搭建起来，即在框架里掌握具体的知识。

这个阶段，不管是对理解要求较高的民刑法知识，还是类似法制史、宪法、经济法的一些记忆知识，你的第一遍学习，就是必须把所有的知识点都学过一遍，也就是第二层对知识进行加工。

尤其是司法考试的卷二卷三，要求深刻掌握理解刑法和行政法的法律制度，民事与民商的法律制度，需要你具备很强的法律理解力，必须要下苦功夫。

从最简单的一个法条到法条背后制定的逻辑，要求从知识点到知识链，到知识网，再到知识体系，都必须要能清晰映入你的脑海里。

在我全力备考的 3 个月里，基本上每天保持雷打不动的一个作息规律，早上 7 点起床，晚上 10 点休息，一天保持 10 个小时的学习时间。后来和我同住的姐姐都怕我读书读傻了，晚上硬是拉着我去小区散步。

就像我很喜欢的主持人何炅说过的一段话，**要得到你必须付出，要付出你还要学会坚持，如果你觉得很难那你就放弃，但放弃你就不要抱怨。**人生真的是这样，世界真的是平衡的，每个人都是通过自己的努力，去决定生活的样子。

看到这里，你肯定会想问，那么多知识点，我该从何学起呢？

二八法则，同样也适用于学习，你不需要学会所有的知识点，关键是找到重要知识和信息的"二"。

那么，如何找到关键知识"二"呢？这里介绍两大原则：

原则一，在麦肯锡方法中有很重要的一条，就是利用前辈经验，不要做重复劳动。

虽然我是第一次接触司法考试，但外面有很多培训机构的老师对这个领域有深入的研究，我只要找到每个领域讲得最优秀的人，学习他们的课程，省时又省事。

当你进入一个全新的领域或者不熟悉的领域，建议你可以先去找到该专业领域的前辈能帮助你迅速提高获取知识的质量和效率。

一般情况下，这些前辈还会推荐一些他们认为该领域比较好的书本，你根据他们的推荐再去学习，能起到事半功倍的效果。

原则二，付费知识 > 免费知识。

现在市面上有各种各样免费的知识和内容，但大部分免费的知识会有很多的广告干扰信息，有的还需要你关注下载，还有绝大部分知识并不完整，只提供一些试听体验。

如果获取知识耗费的时间成本大于金钱成本，在经济上没有太大压力的同学，建议最好付费学习。一方面付费可以得到更好的学习体验，沉没成本也会让你更珍惜；另一方面付费知识可以让你结识一些志同道合的同行者，增加知识的获取效率和知识的转化率。

第四步：建立彼此之间联系

知识之间都是相关联的，我们要学习的不是孤立的知识点，而是建立知识彼此之间的关联，学会灵活运用。

比如，我们如果把整个司法考试知识比作一座宫殿，民法知识就是其中的一层楼层，那么《民法总论》就是主卧的 1 号房间，《物权法》是 2 号房间，《合同法》《侵权法》《继承法》等都有各自的房间。

司考要求你除了需要把所有知识点分类到各个房间，还要能轻易举一反三地调动这一层楼的知识储备，需要哪些知识，就能在哪个房间找到。

除了每一层楼每个房间之间的关联知识，宫殿里的每个楼层之间也存在着联系。

比如，你学过《法理学》，当中讲到的一些法律制定的规则，其实也是可以辅助民法的学习。

当你把所有知识点填充到脑子，并且能分清楚知识点与知识点之间的关系，你的整座知识宫殿就搭建得差不多了。

第五步：随时更新知识体系

当你搭建完成了一座知识宫殿之后，有了一个稳定的知识体系，剩下的就是日常的维修更新。

要知道，随着时代的发展，整体知识体系一般不会有太大的变动。但也有一些动态变化，你也需要定期学习，更新大脑系统。

就好比通过司法考试，但每一年都会有法律法条的更新，那么你就要不断去学习一些新的法条，才能保证不会被落下。

通过建构这样的知识宫殿的工具模型，便于我们快速搭建知识体系。

我们再回顾一下搭建知识宫殿的过程：

一是你需要以 SMART 原则为目标导向，找到内心的原动力；

二是找到已有的体系，去搭建整座宫殿的框架；

三是要投入大量的时间和精力，夯实和学习各种具体知识点；

四是建立宫殿彼此之间的联系，学会举一反三，轻松应用所学的知识；

五是在构建了知识宫殿后，别忘了实时更新拓展知识宫殿。

恭喜你，掌握这套知识体系搭建的底层方法，以后参加任何考试，或者想要学习任何一门新学科就不再是难事，而且系统地掌握知识之后，随取随用，知识才是真正学到手。

¤ 精华回顾 ¤

1. DIKW 金字塔模型：知识管理的经典金字塔埋论，Data（数据）、Information（信息）、Knowledge（知识）、智慧（Wisdom）由下至上组成了 DIKW 金字塔模型。数据经过整理变成信息，综合信息能解决某个问题就形成知识，知识通过反复实践升华成为智慧。

2. SMART 原则：将目标一共分为五个维度，即具体的（Specific），可衡量的（Measurable），可达到的（Attainable），具有相关性（Relevant），有明确的截止期限（Time-based）。

知识不等于能力，你得学会这套能力训练法

金句

没有哪一种能力的获得，不需要经过一番"寒彻骨"就能轻易获得。

——胃窦

印度有一部神剧《三傻大闹宝莱坞》，豆瓣 9.2 高分，但它不仅仅是一部喜剧，更是一部引人深思且具有教育意义的片子。

影片主人公兰彻所就读的工程学院教给学生的只是填鸭式教育，教学生如何拿高分。

第一天在课堂上，教授提问："机械的定义是什么"。

兰彻自信地说："能让工作变简单和省时的都是机械，比如风扇、电机甚至裤子拉链"。

不过，老师却不认可他的回答，反而对另外一位一字不差地背诵出课本上定义的学生称赞有加。

但就是这样一个反对功利教育的怪才，却在 10 年后，成为一位拥有 400 项专利的科学家。

诚如兰彻在影片开始说的那句话，**"死记硬背也许能让你通过大学 4 年，但会毁掉你接下来的 40 年"**。

知识和能力，从来都不能画等号，你需要把知识和理论应用转化到实践生活的能力。

一、知识就是力量

我们的大脑就像一个电脑硬盘，知识就像是一本书，学知识的过程就相当于在电脑硬盘里储存文件一样。即便一台存储整个图书馆的电脑，一旦离开你的操作程序，它是永远也不可能独立完成任何工作，那么它依然只是一个工具而已。

我们经常说"知识就是力量"，但为了分数疲于应对，也只不过是把知识从书本平移到记忆中，压根构不成力量。

想要把所学的知识转化成力量，需要一个转换过程，只有把学到的知识先转变成思想，继而由思想转变成观念，观念再去支配行动，只有行动才能产生结果。

简单来说，就是知识必须要用于实践生活，转化成为能力，才能带来力量。

比如，我大学期间修读过法律，也拿到了法律职业资格证，但是当初花了几年时间学习，3 个月闭关钻研的法律知识，对于现在的我来说，就只是停留在脑袋里的知识。如果你现在就让我独立去开庭，写司法文书，和当事人谈判，我是绝对没有能力能办到的。

没错，就是缺乏把所学的知识，应用到工作和实践上转化成能力的过程。

你必须清楚地认识到：我们学的知识对我们的将来是没有什么用的。它只是一堆概念、公式、数据，就算你搞科研，它们很多也是没用的。

一个只有知识的人，其价值还不如一本书。

一个有能力的人，十本书也比不了。

一个既有知识又有能力的人，那就是媲美百本书籍的实力。

要想让知识有用，就要学会运用知识，变成你的能力，才可能产生力量，最终能真正转化成你的经验和财富。

二、肌肉能力训练法

我们在前面重点介绍了【冰山模型】，能力部分位于表面的知识技能和底层的天赋之间，和知识技能相比，它无法被直接量化，但和隐藏特质相比，它又并非不可培养。

就像一个人英语能力是不是真强，你很难单纯靠一本证书或几道题目考察得知。必须要在真实情境中才能看出，看对方能否用一口流利的英语交流，才是能力的判断标准。

相信中国学生都有被英语"虐"到怀疑人生的经历，绝大部分人可能花了十几年时间去学习英语，可到了关键时刻，却是一句连贯的英语句子都说不出来，脑子里只能蹦出几个零零散散的单词，完全不知道如何组合起来。

我自认为记忆力还算不错，大学时背单词，一天轻轻松松就能"斩获"上百个单词。可是直到今天，我依然没有办法直接用英语和别人交流。

直到有一年，我去国外旅行，问路、买东西，都避免不了要跟国际友人去打交道。刚开始，我拼命地调用脑子的英语单词，手舞足蹈地向他们表达我的需求。在那几天里，我明显能感觉到自己的英语在飞速地进步。

我那时第一次意识到，知识和能力是两种完全不同的模式，你用"背单词"的学习模式，永远不可能练成一口流利的英语，能力需要另外一种学习模式。

背单词是知识的学习方式，它讲究持续积累、持之以恒，哪怕每天熟记1个单词，1年也有365个单词量。但能力不一样，如果你只是每天看两页书，看一年，演讲能力是否会有提升呢？答案显然是不能。

打个比方，能力的获得，其实跟练肌肉是一样的道理。你如果想要练出马甲线，一天做一个卷腹，做一辈子，加起来也相当于做了无数个卷腹，但这辈子也不可能这样就练出马甲线。但如果你每天坚持练习 100 个卷腹，坚持一个月，相信立马就会有效果。

这是为什么呢？

主要因为在大重量、高强度的锻炼中，我们肌肉纤维被撕裂；锻炼之余，再通过补充大量的蛋白质，进行修复，你的肌纤维就在这个过程中变粗了，你也就长出了肌肉，练出了马甲线。

能力提升也需要对原有行为习惯的改变，通过高强度的训练刺激来打破你的行为惯性和思维定式，转变成另一种新的行为方式。

看到这里，你应该就能够恍然大悟，联想一下自己当年被英语"虐"到怀疑人生的经历，单词背了很多，语法也学了不少，可是面对国际友人，却还只能是"哑巴英语"，原来只是不懂这套肌肉能力训练法。

想要快速获得某一项能力，肌肉能力训练法绝对是可以让你快速见效。而想要练出能力，当中有三个基本要素：20% 核心知识、高强度训练、体系化训练。

1. 20% 核心知识

俗话说：三分练、七分吃。健身的朋友应该都知道：健身过程中，一定要及时补充优质蛋白质，它可以帮助肌肉的修复和增长。

在能力训练的过程中，也需要有高质量的知识输入。在上一小节如何建立知识体系，提到了二八法则，你不需要学会所有的知识点，关键的是找到重要知识和信息的"二"。

比如，我在最开始转型到新媒体写作时，也经历过三个月投稿无门的窘迫。

于是，我先在网上查找各种新媒体写作课程，最后选择了一门公认口碑最好的课程，花了我大半个月的工资，从零开始学起，并且有意识地把学到的理论知识应用到写作中。

我们一定不要在重复工作中去建立自己的知识、经验，而是要通过各种途径（专业书籍、专业网站、专业平台），找到这个领域里权威、专业的模型或方法论，才能少走弯路，掌握到核心知识。

2. 高强度实战——单点突破法

我们已经知道了，要想锻炼出肌肉，需要通过高强度练习，从而撕裂原来的肌肉纤维。

那么如何通过高强度的训练刺激，打破你的行为惯性和思维定式呢？

李善友教授曾提出过一个观点，高手与业余选手的区别在于，高手在99%的时间里是在记定式、算法、案例、公式、定律，而业余选手则是在重复不重要的信息。

比如最好的音乐老师，不允许学生练习整首曲子，而是把曲子分解成很多片段，再一块块分段练习，练构式；美国高水平橄榄球运动员只有1%的时间用于队内比赛，其他时间都是针对特殊技术动作的基础训练；棋手用来记定式和打棋谱所花的时间，是棋手水平高低唯一重要的指示符，而不是与对手对弈所花的时间。

什么叫真正的练习？是把整座知识体系的"大厦"，拆分成为一块块"砖头"，然后分头去练习。

有一个思维模型叫作单点突破法，就是面对每一项能力的提升，你可以先做计划（P），计划完了以后去实施（D），实施的过程中进行检查（C），检查执行结果是否达到预期，分析影响的因素、出现问题的原因，并提出解决的措施，然后再把检查的结果进行改进、实施、改善（A），再次做计划（P），如此进行循环，直至攻克这个问题。

还是举我在最开始转型到新媒体写作时的例子。

当时我把写出一篇"10万+"爆文的重要因素拆解出来，包括标题、选题、结构、金句等几大因素，进行一一突破。

比如，在标题的突破上，我会找出全网"10万+"爆文，把它们的标题摘抄出来，再分成几个大类，分析这个标题为什么能火。下次取标题时，我会先把之前收集到的"10万+"标题找出来，思考着我的标题如何套用这些爆款标题。

最开始取一个标题，我都要花上大半天的时间，先自己头脑风暴至少取20个还算不错的标题，再发到同事群里，请同事们帮忙投票选出他们认为最优的。

每天发文数据出来以后，我会再复盘一下这一期的标题数据如何，下次可以有哪些改进的方案。根据总结的经验，把没有解决的问题，重新做计划，下次去提升解决。

就这样，时间长了，看到一篇文章的标题，我大概就能判断它在平台的大致数据，并且能较快地取出一个还算不错的标题，被同事们称为"10 万 +"小能手。

这样高强度的实战，你可能一开始会觉得有些难度，也不容易坚持，但任何能力的学习，都要经过**先僵化，再固化，最后活化成本能**的过程，这是你打破思维定式、拓展能力边界必经的过程。

没有哪一种能力的获得，不需要经过一番"寒彻骨"就能轻易获得。但当你突破之后，就会油然而生出一种像《西游记》里的唐僧，历经九九八十一难，取得真经的成就感，能力也会更上一个台阶。

3. 体系化训练

有健身经验的朋友一定知道，想要练出腹肌，你制订的训练计划，一定不是只练腹部，而是有节奏的全身训练。

能力提升也是这样，相似能力放在一起，做体系化的训练，才有最佳效果。

比如，写出一篇"10 万 +"可以靠运气，但想要写出上百篇的"10 万 +"，就需要非常扎实的写作能力。所谓的写作能力，不仅仅是指你成文的表达能力。首先，它需要你具备选题能力，选题直接决定一篇文章 80% 的数据；其次，你得让文章逻辑通顺，这就需要具备结构化思维；最后，你还要让内容通顺，这就需要良好的语言输出表达能力。

这样，在练习新媒体写作的过程中，你需要把选题能力、文字表达能力、思考能力等多项能力综合在一起提升，否则就无法完成一篇"10 万 +"爆文。

最后，我们来总结一下，知识不等于能力，你不能用"背单词"这种循序渐进的模式，而要像练肌肉一样，找到核心知识，加上高强度实战和体系化训练，才能快速锻炼出能力的肌肉。

而且这种能力一旦练成了，就像骑自行车一样，是不会被轻易遗忘的。它会融入你的血肉中，一旦你有需要，就能立即调用。

《牧羊少年奇幻之旅》中有一句话，人总是害怕去追求自己最重要的梦想，因为他们觉得自己不配拥有，或者觉得自己没有能力去完成。

现在，你知道任何一项能力都可以通过这一套肌肉训练法，刻意练习获得，你对自己的梦想是不是更有信心了呢？

¤ 精华回顾 ¤

1.肌肉能力训练法：能力的获得和知识积累的方式完全不同，它需要三个关键要素：① 20% 核心知识；②高强度实战；③体系化训练。

2.单点突破法：指在一个点上持续而深入达成目标的过程，通过计划(P)—实施(D)—总结(C)—评估(A)—再计划(C)的闭环模式，成为学习一个技能或获得某种能力的方法。

大多数人缺的不是知识，
而是持续的输出能力

金 句

真正厉害的人，从来不会只满足做一个输入者，而是要想方设法变成一个输出者。

——胃窦

曾经有一个读者三天两头私信我："要不要开写作班呢"？

我刚开始还挺纳闷，以为他是对我的写作有多认可。后来一问才知道，原来那段时间，他刚毕业不久，处于一个极度焦虑的状态，报名市面上各种各样的课程，演讲课、新媒体运营课、商业咨询等一大堆课程。

隔了大半年，我再问他学得怎么样了？

没想到，他沮丧地回了我一句："什么知识付费，都是割韭菜"。

不得不说，在如今知识焦虑的时代，我们身边有很多年轻人不是不学习，而是每天想学习的太多。结果，浪费的不仅仅是金钱、精力，还有多次无效努力带来的颓丧感和挫败感。所以，请停止低水平努力，方法不对，你的努力一文不值。

一、你只是看起来"很努力"

作为一个曾在知名知识付费平台工作过的人，以我对知识付费的认知，知识付费可以说是让我们以一个非常优惠的价格，就能接触最顶尖学者、优秀老师的智慧。

比如，我当初采访余秋雨先生的时候，他说以前每年秋雨书院招收博士后，大家都是挤破门槛也抢不到名额。但因知识付费的出现，我们以一两百元的价格，就能学习到他大半生的文化研究成果。

只是现在多数人都太浮躁，急于求成，追求立竿见影，妄想 3 天就能学会高情商表达，寄希望于 5 天就能口若悬河，当众演讲，认为自己报了课程，听了课程，就能学到手。殊不知，没有对输入信息进行正确加工，你只是看起来"很努力"，花费的金钱和时间也许都白白打了水漂。

我们必须纠正一个误区，**看过不等于知道，知道不等于学到，学到不等于做到，做到不等于可复制。**

美国学习专家爱德家·戴尔发现并提出，通过听讲、阅读等被动学习，两周以后的学习保持率最多只能达到 30% 的学习效果；只有讨论、实践、教授给别人等主动学习方式，才能让学习效果提升至 50% 以上。

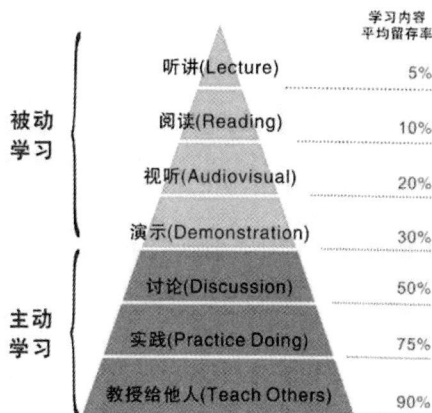

我们的大脑其实是一个闭环的知识结构，输入—处理—输出，三者缺一不可。

"输入"最常见的就是读万卷书、行万里路、阅人无数等各种观察和体验。

"处理"就是你将学习到的概念、观察到的现象、亲身经历的体验等，在大脑里构建起联系，思考清楚内在逻辑，判断价值观。

"输出"则是将你在"处理"环节思考的结果，用某一种特定的形式表现出来，和别人沟通是一种输出方式，写文章是一种输出方式，做思维导图、拍视频都是输出方式的不同形式。

大多数人学习失败的原因，就是缺少 "处理"和"输出"的两个环节。如果只有输入，没有输出，你就永远不知道自己是否真的都学到手。输出的过程，其实是处理内化的过程，它会强迫大脑梳理输入的知识点，强迫你归纳、梳理、结构化输入的知识。同时，也是检验你是否真正学到手的重要标准。

二、知识输出

在信息海量的时代，输出是比输入更有效的学习手段。

我以前看书的速度很慢，经常一本书翻来覆去一个月，还停留在前几页，但现在成为一个专职写作者，"输出倒逼输入"，我的阅读速度变成一天就能泛读完几本厚厚的书籍。

你会发现，当你开始输出的时候，输入就会通过大脑的思考和逻辑，内化成对你有价值的东西。这也是检验学习效果最好的方式。在这里和你分享常见的三种知识输出方式：

1. 信息加工

我们在【知识体系】那一节提到，把知识分为四个层次，你输入的信息属于数据，只有经过处理，融入你的思考和创造，才能转化为信息。

信息加工的形式有很多种，思维导图，笔记记录等，都是常见的不错的学习方法。

在我使用过的诸多输入管理的工具中，首推康奈尔笔记法。这种记笔记的方法广泛地运用于上课、读书、复习、记忆、会议记录等场合，它是记与学、思考和运用相结合的一种信息加工方式。

康奈尔笔记法，把一页笔记分成三个部分，左边 1/4 用来写提纲，底部 1/5 的空间做总结，右上角最大的空间作为笔记区，记录详细内容。

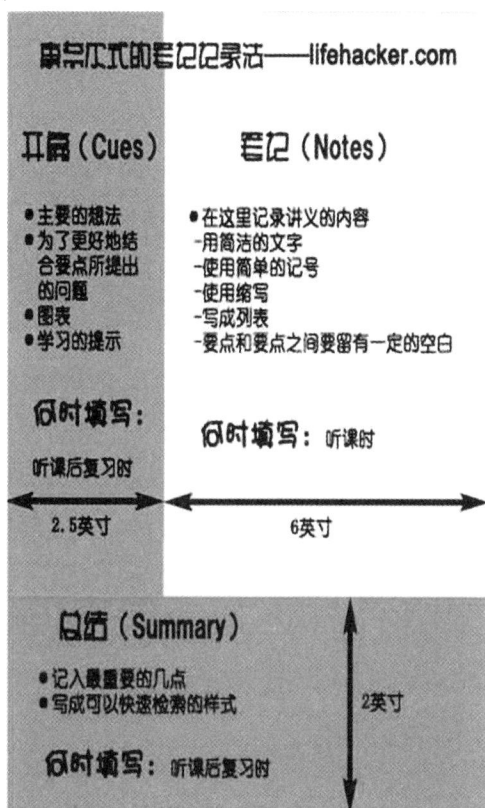

康奈尔式的笔记记录法——lifehacker.com

提纲（Cues）　　**笔记（Notes）**

- 主要的想法
- 为了更好地结合要点所提出的问题
- 图表
- 学习的提示

- 在这里记录讲义的内容
  - 用简洁的文字
  - 使用简单的记号
  - 使用缩写
  - 写成列表
  - 要点和要点之间要留有一定的空白

何时填写：听课后复习时　　何时填写：听课时

2.5英寸　　6英寸

总结（Summary）

- 记入最重要的几点
- 写成可以快速检索的样式

何时填写：听课后复习时

2英寸

笔记一共包括五个步骤。

（1）记录（Record）：在笔记区记录所学的内容，要注意不同的知识点之间留有一定的空间。

（2）简化（Reduce）：在左栏简化每一个知识点的内容，可以使用总结关键词或者提问题的方法，主要是起到提示的作用。

（3）背诵（Recite）：遮住笔记区的内容，通过左栏简化内容的提示，复述所学到的内容。如果想不起来就继续学习，直到可以完整复述所学内容。

（4）思考（Reflect）：将所学的内容，用自己的话总结出来，写在下栏总结区，强迫自己进行输出。这一步最难，可以采用自我提问的方式，例如，我收获到的新认知是什么？我改变的旧认知是什么？我接下来要如何去做？

（5）复习（Review）：艾宾浩斯记忆曲线告诉我们，大脑是会遗忘的，再聪明的人都会遗忘，只是遗忘的量不同。如果想长时间记住一个知识点，可以采用艾宾浩斯遗忘曲线的记忆周期进行复习。

你读过的书，上过的课，写过的读书笔记，如果不经过刻意处理和管理，相当于没有读。康奈尔笔记法就是集合笔记、复习、自测和思考于一体，你一开始会觉得麻烦，但坚持一段时间，你就会发现它的神奇之处。

有输出的学习才是真正的学习，没有输出，只是一味输入还不如不学。

2. 费曼学习法——传授他人

检验你是否真正消化所学的知识，最有效的方法就是讲给别人听。

被称为世界顶级的学习方法——费曼学习法。它最初是由美国物理学家、诺贝尔物理学奖获得者费曼提出，能够帮助你提高知识的吸收效率，真正理解并学会运用知识。

费曼学习法，简单来说就是四个关键步骤，第一，选择要学习的概念；第二，尝试将概念教给别人；第三，发现问题，回去继续学习；第四，简化语言表达。

在日常生活中，你就可以将所见、所闻、所感，通过费曼学习法刻意输出。比如，当你读完一本书或者学完一个新概念，就在微信里给自己发一个 60 秒的语音。在这 60 秒里，尽量讲得清晰、明了，生动有趣，听众就是你自己。你也可以把朋友圈作为输出阵地，用 200 个字讲清楚一个概念，一件事情，一个想法。

验证自己是否真正掌握一个知识点，就看你能否把那些晦涩难懂的知识掰开揉碎，通过讲述倒逼自己不断归纳、总结、升华并最终内化，这也正是费曼学习法的魅力所在。

需要提醒的是，你要把接受信息的一方当成 10 岁的孩子，尽量不要带行话术语，用自己的话转述。如果对方还能听得懂，你也觉得讲得很有劲儿，还能扛得住追问，才说明你真正消化了这个知识点。

3. 知识显性化，打造自己的个人品牌

什么是知识显性化？就是你通过输出，把学到的知识写成文章发表出来，做成短视频发到网上，当众做演讲，甚至哪怕你就把它分享给身边的朋友，不仅打造了自己的个人品牌，无形中也会形成你的专家网络，帮你获得更多优质的资源，实现知识转化。

首先，你要找到自己擅长的输出方式。每个人擅长和喜欢的表达方式不一样，有人喜欢写作，有人擅长演讲，也有人倾向于视频。形式都不重要，你要想办法做输出，哪怕写复盘日记也行。

其次，千万不要闭门造书。你要把输出的内容放到合适的公开平台，接受别人的反馈和建议，进而反向促进提升，说不定还能收获到一批粉丝。现在互联网时代，不管是微信公众号，还是抖音、知乎，甚至是朋友圈，都可以成为你的输出阵地。

比如，我在最初学基金理财的时候，关注过一个 B 站 UP 主。每个工作日晚上，他都会直播复盘自己当日操作基金理财。

刚开始做直播前，他主动告知来听直播的人，自己也是一棵韭菜，是为了不被割韭菜，才免费做直播分享自己的复盘。

在这个过程中，为了每天的直播，他要倒逼自己去学习和研究基金，关注相关的行业信息，以至于他对基金市场有了更加深入的研究，年化收益率一度高达 25%。同时因为坚持直播，他的粉丝也在蹭蹭往上涨，不到一年的时间，就积累了上百万的粉丝。

做一件事情坚持一天容易。但一年 365 天，52 周，250 个工作日，坚持250 场直播，绝对需要极大的毅力。在这个过程中，每晚关注他直播的粉丝，也给到他坚持下去的动力。

你不需要很厉害才能开始，但你需要开始才会变得很厉害。输出能力是需要培养和训练的，也许你刚开始输出效果非常不好，但没关系，忍耐并接受自己的笨拙，时间会是最好的证明，不断尝试，不断改进，当输入和输出形成良性循环的时候，意味着你自身从内到外都会发生一种蜕变。

真正厉害的人，从来不会只满足做一个输入者，而是会努力变成一个输出者。

你是想做一个输入者呢？还是输出者呢？你是想一辈子当个卖糖水的呢？还是想改变这个世界？想法不同，世界也会不同。

希望看到这里的你，从复盘本书内容开始，开启你的"输出之旅"！

¤ 精华回顾 ¤

1. 学习金字塔：

它是一种现代学习方式的理论。最早由美国学者、著名的学习专家爱德加·戴尔1946年首先发现并提出，他主要将学习分成被动学习和主动学习两种方式。

被动学习包括听讲、阅读、视听、演示等形式，这种学习平均留存率不到30%。

主动学习包括讨论、实践、教授给别人，最高可达到90%的留存率。

2. 康奈尔笔记法：

（1）记录（Record）：学习过程中，在主栏记录知识点。

（2）简化（Reduce）：概括主栏内容，提炼要点。

（3）背诵（Recite）：遮住主栏，用左栏叙述回顾主栏的内容。

（4）思考（Reflect）：将学习体会，写在下栏，加上标题和索引，编制成提纲、摘要，分成类目。

（5）复习（Review）：每周花10分钟左右时间，快速复习，主要看左栏，适当看主栏。

3. 艾宾浩斯记忆曲线：

德国著名心理学家艾宾浩斯，经过多次实验，总结出来揭示遗忘规律的曲线。观察遗忘曲线，你会发现，学到的知识在一天后，如果不抓紧复习，就只剩下原来的25%。随着时间的推移，遗忘的速度减慢，遗忘的数量也就随之减少。

根据遗忘的规律，总结出学习的一个记忆周期：

① 第一个记忆周期：5 分钟

② 第二个记忆周期：30 分钟

③ 第三个记忆周期：12 小时

④ 第四个记忆周期：1 天

⑤ 第五个记忆周期：2 天

⑥ 第六个记忆周期：4 天

⑦ 第七个记忆周期：7 天

⑧ 第八个记忆周期：15 天

4. 费曼学习法：被称为世界顶级的学习方法，是诺贝尔物理学奖获得者查德·费曼创造的一种学习方法，核心是把复杂的知识简单化，以教代学，让输出驱动输入。

准确模仿法：如果学习有捷径的话，这条路一定叫模仿

金句

只有你学会站在巨人的肩膀上，才能够有机会超越巨人。

——胃窦

在横跨医学、法律、新闻、互联网等多个领域之后，经常有人问我学习是否有捷径呢？

那我会回答你，成为高手没有捷径，除了抱着死磕、自虐的态度外，别无他法。如果真的要找出一条捷径的话，那估计只有"模仿"。

我第一次感受到模仿的巨大魔力，是在刚上大学的那一年。

都说"一方水土养一方人"，我是一个土生土长的闽南姑娘，从小老家都是用方言交流，就连上高中时，老师还经常用闽南语讲课。

高考后离开家乡，到省会城市福州读书，才绝望地发现，"胡建"真的不是"福建"，"湖州"也不是"福州"。普通话多次被同寝室室友吐槽："你能不能把舌头捋直了再说话"，这使我一度很自卑。

当时我还没有智能手机，就拿着一个 MP3，在无数个清晨、中午、黄昏、深夜，跑到学校宋慈湖边，模仿着主播发出的字正腔圆的普通话，一遍遍跟读。

刚好同班有一个北方姑娘，操着一口流利的普通话，字正腔圆，说话甚是好听。

于是，我便主动和她成为好朋友，没事就找她聊天，暗暗地模仿她的发音，也请她纠正我的发音。

终于，用了一年的时间，我总算练了一口还算流利的普通话，至少能让身边朋友听得懂我的话，也不再夹杂着浓浓的口音。

也是早年这种刻意模仿，让我在多年以后，有机会站在星光熠熠的舞台上，对着全场几百人清晰地表达自己的观点。

此后，在学习一门新技能，无论是做 PPT、演讲，还是打牌，我都会特别重视模仿。

模仿，是我们能够快速入门的学习方法，**你只有学会站在巨人的肩膀上，才能够有机会超越巨人。**

一、模仿，最快的学习捷径

太阳底下没有新鲜事，你在成长路上遇到的问题不管多难，肯定有人已经找到了最优的解决办法。

你要做的，不是把所有坑再踩一遍，把所有的弯路再走一遍，而是用别人的砖，盖自己的楼，这是最快的捷径。

模仿是人类的本能，几乎我们的任何学习都是从模仿开始的，比如，孩提时学说话从模仿大人开始，学下棋先从学棋谱开始。

这几年，经常有读者在咨询："既不是科班出身，也不是职业作家，要如何入行写作？"

我的答案就只有两个字："**模仿**"。

除非是天才，否则任何创作必须从模仿开始。达·芬奇小时候学画画，不也是从"画鸡蛋"这种模仿开始，通过反复模仿，才成为伟大的艺术家。书法家郑板桥在发明"板桥体"的书法字体之前，也曾潜心临摹过历代书法名家的作品，其临作甚至达到了以假乱真的地步。

在初期转型到新媒体写作的时候，我也是通过找到很多被认证过的爆款文章样例，拆解背后的写作逻辑，再通过模仿和刻意练习，写出自己的第一篇"10 万 +"爆文。

通过对别人的模仿和借鉴，你才能很快学会用别人的眼睛换位思考，这也是从入门级创作者到资深创作者转变的必经之路。**凡富于创造性的人必善模仿，凡不善模仿的人很难创造。**

当然，**模仿并不是抄袭，而是在模仿别人的底层逻辑的基础上，学习别人的长处，同时弥补自身的不足。**

比如，你做销售，你同事每个月都比你业绩高，你想超越他，你该怎么做？

不是加倍努力，也不是死磕，而是请教你同事，有什么成功秘诀？

无论放在什么领域，都是一样的道理，你要做什么事情，就去研究把这件事情做到金字塔尖的人。

想打造 IP，就去研究领域最红的"网红"；要做知乎，把高赞答案进行拆解研究；想要做公众号，找几个定位相似的公众号，研究它们的排版、选题、风格、尺度……

正如俗话说的："一切事情即模仿，模仿之中能生巧。"任何进步的捷径无他，模仿而已。

学习篇

二、准确模仿法，让你快人一步

第一个到达山顶的人可能需要 24 小时，而第二个到达山顶的，沿着第一个人的脚步，可能只需几个小时。

不过，学习，要学全套；模仿，也别模仿皮毛。

想要真正把模仿这件小事学到位，还真不是一件容易的事情。我总结了三个关键的操作步骤分享给你。

第一，复制。

复制，最难的就是找到正确的示范对象。如果你选错了模仿对象，训练效果可能会适得其反，"Ctrl +C"的动作，关键在于你选中的对象。

（1）专人模仿

专人模仿即模仿别人，这种模仿可以分为三种方式：模仿朋友、模仿大咖、模仿老师。

模仿朋友，就是你身边有某一位某方面能力特别强的朋友，你可以就具体的某一个问题向他请教，请他分享一下经验，推荐快速提升的书单。**在你还不成功的时候，至少要有识别成功人物的能力。**

我在之前工作时多次被领导吐槽："你的结构化思维太差"。

为了刻意提升结构化思维，我就找到身边一位结构化思维特别好的同事作为模仿对象，经常和对方打交道，模仿她的说话逻辑、写作结构。还特地请她吃饭，向她请教提升结构化思维的方法。

通过刻意模仿和练习，不到一个月的时间，我就被领导当众表扬"你现在的条理越来越清晰"。

模仿大咖，在某一个特定的领域，如果你在电视或网络上看到你特别喜欢的偶像，他是你特别喜欢，特别想模仿的那一种，你就下载保存他的视频，供自己反复观看和多次学习。

这种模仿的学习效果，对标的基本上是行业内最顶尖的人物，还有偶像的激励作用肯定会有很大的帮助。但同时也因为缺乏现场指导，如果悟性不够高的话，学习的周期可能会很漫长，甚至提高幅度也不会很明显。

模仿老师，这种模仿的训练效果也是最显著的，由专业的老师讲解相关理论，然后做示范，最后才让学员去模仿。如果有模仿不到位的地方，还有老师现场做指导。

我曾经采访过一位东北的企业家大姐，到了60多岁还活到老、学到老，想学习书画，就聘请当地有名的书画大师到家里做指导，不到半年，她的书画就获得市里老年组的书画金奖。

有专业老师手把手的指导，再进行模仿，效果肯定是不言而喻的。

（2）专项模仿

专项模仿即模仿某人或者某个节目里面的某一点，简单来说，你不再进行整体的复制，而是模仿其中的一个方面。

比如，我2020年参加了一个演讲比赛，因为时间紧迫，我就拆分出了演讲最重要的两件事，就是演讲内容、肢体语言，分别进行模仿。

在演讲内容上，我找到过往内容与我相近的演讲者，拆解对方的演讲稿子的框架，梳理自己的演讲主题和内容。

在肢体语言方面，我选择另外一位更有感染力的演讲者，重点学习他如何让自己的手势更加潇洒，如何让自己的动作更加干净利落等要领。

通过专项模仿，我的演讲能力在短时间内获得了迅速提升。

这种模仿就是集中别人的优点，吸收学习到自己身上，短时间内会有明显的提高。

（3）阅读模仿

这里的阅读，和一般意义上陶冶性情的读书还是不一样的，而是要带着明确的目标进行阅读。

当你遇到某个问题，你不要凭借着过往经验，就一顿操作猛如虎，而是要先去找到能解决你当前问题的书籍或经验帖，再结合自己的情况进行改进。比如，在前面的内容，我就分享过如何利用阅读《麦肯锡方法》，租到自己特别喜欢的房子。

这种模仿目的性极强，能让你在更短的时间内把理论和实践结合起来，目的明确，有的放矢。

在技能学习上，最快的学习方式，就是复制。

第二，粘贴。

粘贴是要把上述复制别人的行为，粘贴到你的身上。

我们的大脑是会欺骗人的，潜意识会告诉你：你复制下来，就是模仿到了。于是，你就会发现自己的家里有很多书籍，微信收藏夹里有很多精华内容，但只要你不实施"Ctrl +V"，这些永远都不会是你的。

复制只是一种输入，只有粘贴，输出之后，你才能真正学到位。

而粘贴的方式，也就是输出方式，常见的有三种：写作、演讲、实践。

经过你大脑处理过的输出，粘贴一次，你就能感觉到这就是自己的。当你再粘贴三四次后，这个知识和能力就会"长"到你的脑子里。

至于如何输出，我们前面专门讲到这个话题的内容，你如果忘记了，可以翻到前面回顾。

记住，复制模仿了别人的故事，粘贴演绎成自己的人生。

第三，有效反馈。

我们的创作起源于模仿，但模仿只是开始，我们不能以模仿结束，你还需要不断获得反馈，并把反馈应用到实践中，才能迅速进步。

还是举前面我参加演讲比赛的例子，我当时选择去参加那个比赛，就是因为有专业演讲老师可以给到专业的指导，让我可以少走很多弯路。

并且比赛还会录制视频，我把现场演讲的视频从主办方那里要过来，反复研究现场的表现，就可以复盘此次的表现，以增进下次提升的空间。

无论是找到专业的指导老师，还是自己录视频，或者做复盘，**随着有效的反馈和学习的深入，你不断进行优化调整，就会形成自己的风格。**

我们常说，"熟读唐诗三百首，不会作诗也会吟""读书破万卷，下笔如有神"也是这个道理。

创作练习，离不开借鉴和模仿；但真正打动人心的东西，应该是自己呕心沥血的创造。

从简单的复制（有哪些可以参考的示范）到复杂的粘贴（把别人的经验，放在自己身上），再到反馈（根据反馈调整自己），每一件事都经由模仿学习而来，再经由模仿而吸收，形成自己独一无二的风格。

在《少年谢尔顿》里有一个小故事，9 岁的谢尔顿智商堪比爱因斯坦，他也立志要成为像爱因斯坦那样的伟大科学家，偶然得知小提琴帮爱因斯坦建立了很多理论。

于是，他不仅学习小提琴，还要和爱因斯坦一样信仰犹太教，直到一位犹太教教授告诉他：

"成为你自己，上帝不会问你，为什么你没成为爱因斯坦？但他可能会问你，为什么不做你自己？"

是的，学习的第一步是模仿，但模仿，并不是意味着失去自我。**在模仿的基础上应用，在应用上进行创新。**

创造，才是最大的模仿。

¤ 精华回顾 ¤

1. 太阳底下没有新鲜事，你在成长路上遇到的问题不管多难，肯定有人已经找到了最优的解决办法。你要做的，不是把所有坑再踩一遍，把所有的弯路再走一遍，而是用别人的砖，盖自己的楼，这是最快的捷径。

2. **准确模仿法：**

（1）复制，找到正确的示范对象进行模仿。

（2）粘贴，把别人的经验，实践到自己身上。

（3）有效反馈，从外界获得反馈，并根据反馈，进行自我调整。

3. 模仿常见形式：

（1）专人模仿，包括模仿朋友、模仿大咖、模仿老师。

（2）专项模仿，即模仿某人或者某个节目里面的某一点。

（3）阅读模仿，带着明确的目标进行阅读。

人际篇

阿基米德说，给我一根杠杆，我能撬动整个地球。

你可能没办法用杠杆撬起整个地球，却能在关键时刻，用这个名为"交友"的杠杆翘起你想要的人生。

传统的交友模式，就是你今天有机会碰到谁，或者你身边有什么样的环境，就能结交到什么样的朋友。这种模式非常受限，能遇到三观一致的朋友，完全靠运气。

但在互联网时代，你可以通过 AARRR 漏斗模型，先大规模放大自己交友的范围，再通过层层筛选，提升遇见志同道合朋友的概率。

本章将详细从优质人际结交（拉新），到通过朋友圈打造个人品牌（激活），线下见面，弱关系变强（留存），再到 155 人际关系管理法（转化），让你成为社交达人，开启社交的复利模式。

拉新：普通人在 20 多岁，如何结交比你更优秀的人

你关注的人，决定你看到的世界。

——胃窦

有一个段子是这么说的，"我妈问我为什么不结婚，为什么不上北大。难道是因为我不愿意吗？"

事实上，人是通过选择实现自我塑造的。但是，穷尽你现有的资源和禀赋，选择的空间可能还是非常有限。

只有你找到你想仿效的人，让你钦佩的人，以及能够帮助你的人，不断邀请他们进入你的生活，打破原有资源匮乏的困局，放大自己的选择组合，你才有机会成为那个想要成为的自己。

3 年前，我初到上海这座城市时，没有一个认识的朋友，只能寄宿到一晚 80 元的青年旅舍。3 年里，我几乎每天都在结识比自己优秀的朋友，不断增加和改变我的社会关系网。

在这个过程中，我并没有成为所谓的"社交达人"，也不需要改变自己的性格，或者放低自己的交友标准，而是通过一个简单的"社交杠杆"——AARRR 模型，就轻松升级了朋友圈，放大努力。

AARRR 模型，简单来说，就是前端获取足够多产生弱链接的人，再通过激活、留存变成好友，最后价值互换转化为彼此的贵人，实现推荐的良性循环。

（1）获取（Acquisition）：如何获取优质人际关系？

（2）激活（Activation）：对方对你的第一印象如何？

（3）留存（Retention）：对方会和你深度链接吗？

（4）转化（Revenue）：对方愿意和你产生价值互换吗？

（5）推荐（Refer）：对方会把你推荐给其他人吗？

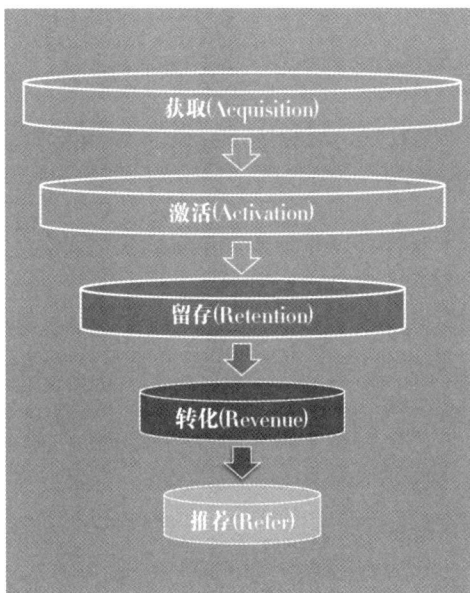

本小节，先讲讲如何扩大交友范围，结交比你优秀的人，和他们产生弱链接。

一、正确的社交观

在社交领域，有一个六度人际关系理论，即你和任何一个陌生人之间，所间隔的人不会超过 6 个。只要你愿意，最多通过 6 个人，你就能够认识世界上任何一个陌生人。

比如，你想要认识美国前总统奥巴马，理论上只需最多通过 6 个人的引荐，你就完全有机会认识他。但如何链接到这 6 个人，就要用到你的**"人际关系网"**来衡量。

一般来说，我们的人际关系网可以分为三层：

以你为中心，最靠内的一层是你的亲朋好友；

中间一层就是你的一些交情一般的普通朋友；

再往外一层，就是弱链接，可能你们就简短交谈过几句话，见过一次面，甚至只是听说过对方的名号。

但最外层的这些人才是你人际关系所能挖掘的一个地方，通过他们，你能撬动到意想不到的人际关系和资源。AARRR 模型的第一步获取（Acquisition），就是获取用户，结交优质人际关系。

互联网时代使得人和人之间链接的精力大大降低，通过社交平台的分享、微信社交群、付费课程等方式，能够增加流量样本，加大弱链接样本数量，增加遇见优质人际关系的概率。

如果你想更多地遇到贵人，做到两点即可：

（1）加大弱链接的数量（前提条件）；

（2）提升进程的转化率，提升弱链接样本里转化为好友和贵人的数量。

二、具体方法论

第一步：建立社交肌肉——人际关系的复利效应

我们在【复利思维】提到复利有一个基本公式，复利 $=P \times (1+R)^{\wedge}N$，$P$ 代表你现有的存量资源，R 代表你正在做事情的收益率，N 代表时间，

把这个公式套用在人际关系积累上，你就会发现：**人际关系＝初始人际关系 ×（1+ 新朋友的人数 / 原有朋友的人数）^ 天数**，虽然你没有办法决定初始人际关系，但当你践行"每天认识一个新朋友"的方法，随着时间的推移，就会产生意想不到的效果。

我在【破局思维】那一节分享自己初到上海，在没有任何朋友的情况下，通过每天认识一个新朋友，锻炼社交肌肉的故事，就是这个原理。

你接下来会问："那要到哪里寻找优质人际关系呢？"

现在是互联网时代，很多人为了打造自己的个人品牌，都会开设公众号、抖音、视频号等，在知乎、微博等平台上公开分享自己的一些观点。

你平时就可以在社交平台搜索浏览当前关注的信息，看到优质的博主分享（如我在公众号【胃窦 Elaine】分享成长干货和故事，读者朋友们就可以长期关注），就可以先关注他们。然后浏览他们过往的分享，如果遇见你觉得和自己

三观契合或者能提升你的认知的分享者时，就可以"顺藤摸瓜"找到对方的联系方式，主动添加对方为好友。

当然，这并不是说，你加完对方微信，对方就是你的朋友。

这还远远不够，但加上对方的微信后，在某种程度上意味着你是他一万名好友中的一员，有机会在朋友圈关注对方第一手信息，跟对方产生进一步链接和学习。

以我为例，我日常有浏览知乎、视频号的习惯，在浏览时，如果我觉得对方的分享不错，社交肌肉就会告诉我，找联系方式加好友。

加到好友以后，你要做的第一件事情就是自报家门，做一个自我介绍。介绍有三项重要内容：你是谁，你对他的仰慕，能给他带来价值。

第一项内容"你是谁"，你可以提前整理一个模板，把你的名字、定位，以及荣誉、光辉事迹梳理出来。

第二项内容"你对对方的仰慕"，具体写明对方某一篇文章或某一个视频号的某个观点，说过哪一句话给你带来影响，对你有什么样的启发。

第三项内容"你能给对方带来价值"，为别人增加价值也是我们和所有人交往的前提。即便现在你们没有发生真正的价值置换，但并不代表未来没有机会和可能性，你可以以保守的态度跟对方保守地说："期待未来有机会合作和交流"。

当你非常诚恳地介绍自己的来历，对方对你有了基本的认识，是不会把你拉黑的。如果这个时候对方还把你拉黑，就说明你们不是同路人。那也没关系，继续去关注寻找下一个。

鸡蛋，从外打破是食物，从内打破是生命；人，从外打破是压力，从内打破就是成长。

这个动作看起来简单，却也是最难的，你需要突破内心的自我设限，由被动变成一种主动积极的状态，并且还不会被别人的三言两语击退。

第二步：通过互动，增加彼此联系

好多人好不容易互加了好友，然后就没有然后了，关系就永远停留在第一步。

社交是一个从弱链接到互为贵人的递进关系，你需要把弱链接的陌生关系，转向好友，甚至到强链接的贵人关系，步步推进。我在此分享自己是如何链接到百万畅销书作家李尚龙的。

认识龙哥时，我还是一个刚入门的新媒体写作小白，当时刚好在写作社群里看到他的名字，就非常兴奋地加到对方为好友，一开始也是采用上述自我介绍的方法。

他是我在写作路上的一个标杆，我在微信上把他标记成"星标好友"，日常会在朋友圈里给他点赞，后来开始评论留言。

再到后来，每一次他的新书发布，我都会主动帮他在圈里做一波宣传，一来二去他对我也就有印象了，多次主动给我赠送他的新书。有一年在他的新书签售会上，我还特地当面向他请教写作的定位和后续发展。

从陌生人到朋友圈点赞之交，到主动帮对方做宣传，再到"奔现"，都让我们的关系层层推进。

人与人的关系，其实是非常微妙的，主要是由心理距离较远的一方决定。从陌生人，到点赞之交的弱关系，再到贵人的强链接，你必须经受住对方和时间的考验。

你在加上对方的微信后，经常给对方的朋友圈点赞评论，让他注意到你的存在。记住要多赞美，提看法，少抬杠。久而久之，对方就会对你留下非常深刻的印象。后面就可以制造线下见面的机会，或者有其他的合作，产生进一步的链接。

有很多人都是索取思维，刚加上大咖的微信，就想要让对方向你传授他的成功秘诀，带你进入他的圈子，那估计只有你亲爹才做得到。

要知道，别人之所以能比我们更优秀，一定是有你可以学习的地方。

我们要做的是，一方面不断向优秀者学习，不断提升自我价值，等待你们未来可以产生价值交换的一天；另一方面，在你做不到价值交换的时候，请你先用情感去交流，主动付出，用最笨的方法，获得对方的认可。

我很喜欢畅销书作家孙晴悦有一句话，30 岁之前，你需要最大限度地去主动认识别人，去用力靠近那个你想成为的人；而通常等到你足够牛，等到你 30 岁之后，就应该是别人前仆后继地想要用力量来认识你。

你关注的人，决定了你所看到的世界。他们的交际圈、知识面、思维方式、说话方式和工作层面都会直接或间接地影响到你。二十几岁的时候，你可能要踮起脚尖，才能结交到比你更优秀的人；而等到你变得优秀起来，就会有越来越多的人主动想来认识你。

让我们从今天起，和更多志同道合的朋友在高处相逢。

1.AARRR 模型：互联网上的一个经典的增长漏斗模型，分别对应用户生命周期中的五个重要环节：具体分别为获取(Acquisition)、激活(Activation)、留存(Retention)、转化(Revenue)、推荐(Refer)。

2.六度人际关系理论：即你和任何一个陌生人之间，所间隔的人不会超过 6 个。只要你愿意，最多通过 6 个人，你就能够认识世界上任何一个陌生人。

3.人际关系网：以你为中心，最靠内的一层是你的亲朋好友；中间一层就是你的一些交情一般的普通朋友；再往外一层，就是弱链接，可能你们就简短交谈过几句话，见过一次面。

4.人际关系的复利效应：**人际关系 = 初始人际关系 ×（1+ 新朋友的人数 / 原有朋友的人数）^ 天数**

激活：打造一个高质量朋友圈，足不出户获取优质好友

金 句

经营朋友圈，就是在经营你的公众人格和隐形简历。

——胃窦

多年前，一名叫"麦子"的网友写的一篇引发亿万网友共鸣热议的现实题材深度文章——《我奋斗了 18 年，才和你坐在一起喝咖啡》。

作者是一个农家子弟，经过 18 年的奋斗，才有机会和大城市里成长的同龄

人一起喝咖啡。

没想到的是，我仅仅通过打造朋友圈，不到一年的时间，就获得一位大咖邀约喝咖啡的机会。

"沪漂"之前，我曾受到一位百万粉丝的知名博主的一句话鼓舞："如果你不甘于平庸，如果你还有野心，那就勇敢向前，勇敢改变，想要的未来在不远的前方。将来的你，一定会感谢现在无所畏惧的自己"。

后来，我好不容易加到对方的微信，起初也曾多次想约见对方，但奈何当时自己的咖位和势能还不够，微信另一端几乎都是沉默。

直到一天，对方突然发来一条信息："朋友圈里感觉你这一年的变化挺大，想约你聊聊是否有合作的机会。"

就这样，靠着一个朋友圈，我有机会成功和知名博主坐在一起喝咖啡。

朋友圈可以说是互联网时代一个伟大的产物。以前我们新认识一个朋友，是递上一张名片，"你好，这是我的名片"。现在你见到一个新朋友，就是掏出手机，跟对方说一句，"来，我们加个微信呗"。

我刚到上海时，朋友圈好友不到 500 人，这 3 年里，我通过打造一个高质量的朋友圈，积累起 3 个微信号，10 000 多名好友和读者。遇见优质好友的概率，可以说是"直线式上升"。

对于我们大多数的普通人来说，**朋友圈相当于你的个人品牌橱窗。经营朋友圈，其实就是在经营你的公众人格和隐形简历。**如果经营得好，它就能形成你的个人品牌，成为你置换社会资源最好的展示窗口。

不过，据我对上万名好友和读者的观察，大多数人并不知道如何打造一个高质量的朋友圈。

一、你的朋友圈，就是你"行走的名片"

你有没有过这种经历：新加了一个好友，兴致勃勃点开对方的朋友圈，兴奋满满，发现有一条横线提示着"朋友仅展示最近三天的朋友圈"。那一刻，友谊的小船说翻就翻。

在心理学领域有一个叫作"乔哈里视窗"理论，也被称为"沟通视窗"，它把人际沟通的信息分为四个部分：

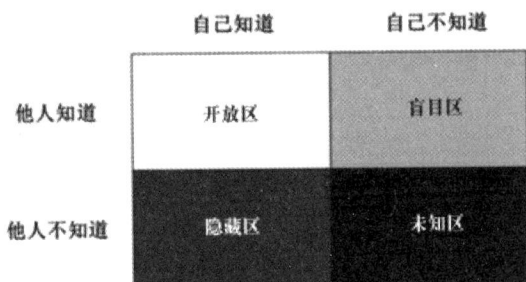

	自己知道	自己不知道
他人知道	开放区	盲目区
他人不知道	隐藏区	未知区

开放区：你自己知道、别人也知道的信息。例如你的家庭情况、姓名、部分经历和爱好等。

盲目区：是你自己不知道、别人却可能知道的盲点。例如性格上的弱点或者坏习惯，你的某些处事方式，别人对你的一些感受等。

隐藏区：是自己知道、别人却可能不知道的秘密。例如你的某些经历、希望、心愿、秘密及好恶等。在有效沟通中，适度地打开隐藏区，是增加沟通成功率的一条捷径。

未知区：你自己和别人都不知道的信息。例如你未来的发展潜能。

研究表明：**如果一个人想要赢得尊重，首先得建立信任；想要建立信任，就得尽可能地扩大自己的公开象限，也就是扩大你的开放区和隐藏区。当你扩大的象限越大，别人对你的所知越多，就越能够信任你。**

我们在上一小节提到了如何扩大你的社交圈子，链接到比你更优秀的人。但你好不容易加上的好友，可能只是对方 10 000 名好友当中微不足道的一个。

在这个信息爆炸的时代，酒香也怕巷子深，不发声等于不发生，我们不仅要有实力，还要学会展示价值。

AARRR 模型第二步激活，就是把两个原本没有任何交集的人，通过朋友圈这扇橱窗，经常提醒别人"我是一个什么样的人""我喜欢什么"，帮你吸引到一些潜在隐形的优质好友。

二、如何打造一个高质量的朋友圈

当打开朋友圈，你会发现，有人把朋友圈设置为仅三天可见，也有人把朋友圈当成卖货场所，铺天盖地的广告，让人看一眼就忍不住想屏蔽他。

如果你把自己当作品牌来运营，打造朋友圈最重要的目的，就是树立专业的个人品牌，让别人对你产生信任，认可你的高价值和专业能力，进而愿意主动和你产生进一步链接。

一个高质量的朋友圈，别人看到的不是一堆无序的信息，而是通过他的日常动态，就能像拼图一样，还原这个人的履历，感知到背后是一个有着什么样特质的活生生的人。

如何打造一个高质量的朋友圈，有两个关键步骤：第一，提前设置好头像等关键"触点"，给对方留下基本的印象；第二，持续发布日常动态，和好友产生互动，通过相互筛选，激活，强化，成为彼此的贵人。

1. 提前设置关键"触点"

听过一个企业管理者分享过一个小故事，他们公司新来了一个年轻的同事，负责公司的图书销售工作，结果这位同事给自己微信名取了一个昵称，叫作"坏蛋"。

后来，他硬是逼着这位新来的同事，把微信名字给改了。

这个小故事虽然有点打趣之意，但仔细一想，不无道理。

无论是线下真实见面，还是线上加微信好友认识，你给别人的第一印象都非常重要，基本占别人对你总体评价的70%。你的微信关键"触点"，相当于你的门面，是新加好友对你的第一印象。一旦第一印象塑造不好，之后再想扭转会十分困难。

这些"触点"，就是别人接触你的时候，最先感知到的几个维度：**昵称、头像和个性签名**都需要提前进行"门面装饰"。

第一，微信昵称。

昵称就相当于你的名字。有很多朋友都不重视这一点，昵称取得非常随意，要么叫"不瘦**斤，不改名"，要么就是各种生僻字，还有人三天两头就换昵称。

这些都是不利于社交场合的，正确的取法是可以用你现实生活中的名字，或者取一个你经常使用的网络名称，比如我在全网名称，也是我的笔名，就设置为"胃窦 Elaine"。大家只要输入这个名称，全网都可以找到与我相关的信息和资料。

一个好的昵称，就相当于一家公司的名称，最好就是识别度高的名字或标签。一旦确定以后，轻易不要改变，否则别人想找你都找不到。

第二，微信头像。

这是别人看到你的微信最直观的第一印象。

我在朋友圈里经常会看到不少人的头像，要么是各式各样的卡通人物图，要么就是某个明星照，还有各种好山好水的风景照等。

人是视觉动物，换位思考一下，如果别人加你为好友，你们之前完全不认识。聊天的时候，看着对方的头像，你的脑子就是它头像阿猫、阿狗的图案，根本无法想象对方的真实状态，无形中只会拉开你们的距离。

建议最好是设置成自己"全脸真实头像"，能够让别人清晰地看到你的状态，增加信任感。

有时候，一个简单的头像改变，将会无形为你的人际关系增值，带来巨大的效应。

第三，个性签名。

个性签名，最能让人了解你所从事的领域，你的权威，以及你能为对方带来什么样的价值。

但大部分人都主动放弃了这块免费广告阵地的展示，要么不写，要么写一些不知所云的句子。

正确的做法，如果你在自己相关领域做出成绩，就可以写你在这个行业的权威，展示你的高价值，比如，某某名校的老师，某个领域的大咖，有什么代表作品或成绩，具体可参考微博大咖的认证。暂时还没有做出较大的成绩，那就写出你是做什么的，比如写作者、文案达人。如果你实在想要低调一下，就写一句名言，最好能代表你的专业和价值。

头像和签名之类的元素，后期如果你有更合适的内容，也可以进行低频改动。

关注这些元素的目的，就是让陌生人加了你之后，就算之前没有接触过，也能大致知道你的背景、性格和取得的成绩，考虑是不是要和你做朋友、做什么类型的朋友。

2. 树立个人品牌，打造高质量朋友圈动态

想要在朋友圈里打造出个人品牌，你就不能今天有感触就发 N 条，明天没想法就一条都不发了，而要用打造产品的运营思维来打造朋友圈。

第一，展示高价值。你朋友圈最应该有一种状态就是：我很好，且有用。

"我很好"，结交大咖的前提，首先是你要有价值，你可以通过参加一些高大上的活动，认识大咖的照片，向外界展示你的正面形象，让别人愿意主动和

你产生进一步交往的想法。

同时也要凸显自己有用的一面，也要善于给自己贴标签，打造成某一个领域的"小专家"人设，经常分享你对该领域的思考，那么当别人有相关需求的时候，他就会第一个想到你。

比如我的个人品牌定位是成长作家，日常就会在朋友圈分享我对于个人成长的一些思考和感悟。很多人看到我的分享，都会主动留言评论，甚至主动私聊告诉我，他们也遇到哪些类似的问题，咨询具体的解决方案。

第二，做"负面作业"。想要人设能打动别人，一个诀窍是做"负面作业"。主动暴露你的缺点、你的憎恨，告诉别人你的失败经历，你怕什么、你不能忍受什么。

比如罗永浩，所有人都知道他做锤子手机失败才去做的直播还债，但不妨碍"锤子粉"对这个中年男人的支持，因为他的人设足够真实，反而会让别人更支持他。

我也会在朋友圈里做"负面作业"，大到大龄未婚，天天面临爸妈催婚，小到路痴，没有方向感。但我的朋友反馈，正是这些生活小细节，和他们类似的一些经历，让他们觉得我很真实，更愿意和我产生链接。

不过要强调一点，这里的做"负面作业"，并不是让你在朋友圈里发泄负能量，而是一些无伤大雅，不会和你前面展示的高价值内容产生冲突的信息。

第三，设置固定栏目。在对方心里植入心锚，给到对方一个固定的印象，以及固定的预期。

我的朋友圈经过两年的探索，会设置一些固定栏目，比如早起打卡，已经影响几十位朋友养成早起打卡的习惯；每天睡前分享的一句话，如果我某一天超过 12 点还没发，就会有人私信我，"没看到你发这一句话，我就没办法睡觉"。

发朋友圈的这个习惯，我至今已经坚持两年多了，每天更新 3～5 条状态，帮助我更好地吸引新朋友和维护微信好友的黏性。

现在微信的使用人数，已经突破了 10 亿，平均占据我们 25% 的个人时间。除了日常的私信聊天，**朋友圈已然成为你一张"行走的名片"，展示你的个人形象，也是让别人决定是否要深度链接，互为好友的一个窗口。**

可能有些朋友会说：这不是让我们在朋友圈里"装"人设吗？

微信创始人张小龙说，**沟通的本质就是人们把自己的"人设"强加给别人的过程，**

而发朋友圈就是把自己的"人设"通过朋友圈这种形式塞到朋友脑子里的过程。

真正的"人设"，一定是装不出来的，也是藏不住的。

朋友圈是一个长期积累的表达场合，你去硬装"人设"，装得了一时，装不了一世，**极度的坦诚，才能无坚不摧**。

"乔哈里视窗"理论，当你扩大你的开放区和隐藏区，反向也会让别人知道你的盲目区。你不妨把所谓的朋友圈"人设"当作是理解自己、觉察自我的一种反馈工具，问问自己：我为什么渴望让别人看到这样的自己？找到这些问题的答案，就可以帮助我们更好地理解自己。

我们终其一生，都在运营一款叫作"自己"的产品，朋友圈就是帮助我们传播这款产品的展示窗口。

所以，如果你想要遇见更多志同道合的朋友，请千万别设置成"朋友仅展示最近三天的朋友圈"。

人际篇

¤ 精华回顾 ¤

1. "乔哈里视窗"理论：

开放区：你自己知道、别人也知道的信息。

盲目区：自己不知道、别人却可能知道的盲点。

隐藏区：自己知道、别人却可能不知道的秘密。

未知区：你自己和别人都不知道的信息。

2. 打造一个高质量朋友圈的两个关键步骤：

第一，提前设置昵称、头像、个性签名等关键"触点"，给别人留下基本印象；

第二，通过展示高价值、做"负面作业"，设置固定专栏，持续发布日常动态。

留存：做好信任管理，将弱关系变强大

> 只有真诚对待每一次见面的人，才会被认真对待。
>
> 胃窦

你有过这种经历吗？有一天微信突然收到陌生好友发来的消息，"亲，你能帮我一个忙吗……"

每次遇到这种消息，我都会感到很无奈，我们的聊天记录几乎是空白，我没有见过你，对你也是一无所知，我们的关系顶多只能算是萍水相逢的点赞之交，试问对方为什么要帮你呢？即便对他来说，只是举手之劳。

"交浅莫言深"，人际关系有一条重要原则，人际关系是由心理距离较远一方**决定的**。打个比方，你把对方当成知心好友，但对方可能是把你当成点头之交或者普通好友，这段关系就是由对方主导。换句话说，你们只是停留在弱关系。

AARRR 模型的第三步就是留存，经过前期的获取和激活，你们通过见面或深度沟通，经受住了彼此三观的考验，把弱关系变强，才有机会进入下一节核心社交人际关系网络。

一、麦肯锡信任公式

想要经受住留存的考验，关键在于信任。这里就必须先提到**麦肯锡一个非常著名的信任公式**：信任（trust）= 可靠性（reliability）× 资质能力（capability）× 亲近程度（intimacy）÷ 自我取向（self centered）。这个公式包含以下四个关键要素：

1. 可靠性

简单来讲，就是你做事情的靠谱程度，它和事情的大小、复杂程度无关，最为简单的就是，你们约了某个确定的见面时间，你能否准时赴约。事虽小，却最能体现一个人的靠谱程度。它意味着你说的事情，我能不能信；你答应的东西，能不能完成。

一个人的人品讲究的是持久性和可靠性，靠不靠谱，就看这三件事：**凡事有交代，件件有着落，事事有回音。**很多人在生活当中并不注意这些小细节，但往往越是一些微小的细节，越直接决定对方是否信任你。

2. 资质能力

我们可以把资质和能力当作两部分看待。

第一部分：资质是外在的，即有做某事的资格，比如你是一名律师，那肯定要有律师执业证书。

第二部分：能力是内在的，包括你的专业能力和通用能力。对方选择和你合作，目的是产生结果。你只有具备一定的能力，才能直接带来结果或者帮助别人产生结果。

当能力和资质匹配的时候，别人更容易对你产生信任。

3. 亲近程度

亲近程度就是你和对方的亲近程度，简单说就是你俩熟不熟？有多熟？你和对方越不熟，赢得信任就越难。

人们都偏向信任自己比较了解的人，这是人之常情。如果你和对方越不熟悉，赢得信任就越难。

如果你特别想和一个人成为好友，建议主动制造至少与对方三次见面的机会。一个人对另一个人的印象与见面的次数成正比，需要短时间内多次曝光，增加你的积极形象，让对方记住你，选择你，信任你。

4. 自我取向

"自我取向"是一个分母，与信任程度成反比，也就是说，一个人是否值得信任，就看他做事是否经常以自我为中心，他做事的出发点是自私的，还是利他的。

建立良好持久的人际关系，扩展自己的人际关系，首先要改变以"自我"为中

心的思维方式。不要再想"他能为我做什么",而要想"我能为他做什么";不要再想"我能得到什么",而是想"怎么才能让彼此获益"。

一个人越不以自我为中心,越容易赢得他人的信任。而那些心里没有别人,说话、做事处处以自我为中心的人,很难赢得他人的信任。

当你在与人交往过程中,通过言行举止展现出以上四个要素的时候,就可以更好地赢得他人的信任。也只有当你们信任度越来越高,才能产生更进一步的合作关系。

二、线上聊百次,不如线下见一面

线上聊百次,不如线下见一面。线下见面最重要的一个目的,就是给对方留下一个好印象,建立基础的信任。它直接决定你们的关系能否从"认识你、记住你"走到"认同你"。

比如,我刚"沪漂"时,连一个朋友都不认识,后来通过在朋友圈打造个人品牌,慢慢被大家所认知,从最开始自己主动向外结识别人,变成现在越来越多人主动想来链接和认识我,开启社交滚雪球效应。

这时,我一般会先翻看一下对方的朋友圈,对对方有一个基本的判断,再欣然赴约,简单的一个下午茶或晚餐就能让双方关系立马增进。

作家西蒙娜·德·波伏娃说过一句话,**"我渴望见你一面,但我清楚地知道,唯有你也想见我的时候,我们的见面才有意义"**。人际关系结交也是一样的道理。

第一次见面,双方其实都处在相互筛选的过程,你在筛选对方是否能纳入你的人际关系圈,对方可能也在筛选你。只有双方都经受住这一环节的考验,你们的关系才有更进一步发展的可能性。

1. 见面前

这个世界是有心人的世界。

如果你想和对方保持更好的谈话并建立关系,就请提前做一些功课。

工作的缘故,我会把采访技巧也应用到与人沟通交流。正式见面之前先提前大致浏览对方的朋友圈或其他社交平台,了解对方工作、生活、兴趣等基础信息,初步罗列十个问题。

这些问题，在聊天的过程中，不一定全部都能用得上，但提前做好功课，你至少能对他有基本了解，知道沟通时话题的侧重点。

2. 见面时

商业心理学有一个 55387 法则，决定别人对你的第一印象 55% 取决于视觉，38% 取决于听觉，7% 取决于内容。即决定一个人的第一印象中 55% 体现在外表、穿着、打扮；38% 的肢体语言及语气；谈话内容只占 7%。

所以，如果你想要给别人留下良好的第一印象，就不要忘记基本的社交礼仪。比如，符合场合的正式着装。人和人见面的第一印象很重要，在你还没有开口说话前，你的整体形象已经先入为主地给到对方的第一印象。

我甚至有一个习惯，见面的第一个动作就是直接把手机设置静音，倒扣在桌面上，不让无关紧要的事情打扰谈话。

两个人有机会约到线下沟通的机会是非常难得的，准时、迟到要提前通知，将手机调成静音模式等细节，都会给你们见面的第一印象加分。

此外，据研究，两个人见面，人们往往更容易记住你给他们留下的感受，而不在于你说了什么。一个能让你想起来就感觉轻松、有能量、能自然地开玩笑的人，通常会给人留下正面的心情。但总无视你的讲话，不重视你的存在的人，则会让你想起他就忍不住皱眉头。

在很多时候，我们能听到别人在说话，但又不会听出别人要说的是什么。倾听是表达的关键，耐心认真倾听，才能从对方说的话中根据情绪分析出他的动机，抓到信息的重点。

想要有效沟通，从"3F 倾听"模型开始，听到对方三个方面的信息：事实（Fact），感情（Feeling），意图（Focus）：

第一，倾听事实，Fact，理清楚对方说的事实；而不是自己的判断。对方讲述时，先不根据自己的想法或固定观念评判对方，只倾听原本的客观事实。

第二，倾听感受，Feeling，要抓住对方的感受或者情绪。在倾听事实的同时，你可以通过肢体语言、语音、语调感知对方的情感，看穿与触及对方潜藏的无声信息。

第三，倾听意图，Focus，聚焦对方的意图。对方讲述的时候，把握对方真实的想法，真正的意图是什么。有些人不善于表达自己的想法时，说出来的话跟真正的意图可能会有很大的差异。

在每一次沟通中，你只有抓住上述三个"F"的关键，再根据你倾听到的内容，把见面前提前准备的问题，漫不经心地向对方抛出，了解到对方真实的兴趣，需要及关心的事物，了解自己在哪些方面有可能帮助到对方。采访的习惯，我还会习惯地拿出小本本，随时记录，除了可以预防遗漏以外，也会让对方对你非常满意，因为做笔记意味着你愿意倾听，这是尊重的表现。

在聊天的过程中，你也可以使用采访时经常会使用到的三种拓展话题的技巧：

【理智型探究：怎么会呢？】

在聊天过程中，为了了解对方所做的选择或者行为背后的原因，你可以经常适当地多问一句话，"怎么会呢？"

记住，尽量避免使用"为什么"，这会有一种逼迫的感觉，好像必须为其回答做出解答，会让对方心里觉得不太舒服。

为了避免这种逼迫性，你可以在对方回答之前，提出自己的理解，例如，"怎么会呢？是因为什么吗？"

【扩展型探究：您能详述一下吗？】

有时候，遇到对方可能只是一些轻描淡写的话，你一定要能积极地捕捉到当中的敏感信息，追问一句，"您能详述一下吗？""方便再跟我分享一些其他的信息吗"，这句话能让对方知道你对他讲述的事情是感兴趣的，自然也会让人感到舒服。

这种方法能让你去积极倾听，了解到对方真实的兴趣，需求及关心的事物，更了解自己在哪些方面有可能帮助到对方。这些机会都蕴含在谈话当中，能为将来增强双方联系提供有力的信息支撑。

【澄清型探究：我这样理解对吗？】

第三种提问，你可以重复或者总结你听到的话，再询问对方自己的理解是否正确，"我这样理解对吗？"

这种提问，要求你需要有很强的总结能力，并且能集中精力聆听对方的话。

交流时，一定要谨记，如果你谈到的某话题，对方根本不感兴趣，就立刻换个新话题，直到你们能再次顺畅的交流。你得到的回答越充满活力，你就越有可能继续探究对方，与其建立联系。

初次见面，聊天内容对错并不重要，情绪愉悦和双方认同，这才是最有共鸣的聊天。

3. 见面后

"沟通是一场无限游戏"，见面结束，并不代表你们的交流就此结束。接下来，你有两个关键动作，必须要在 24 小时内完成，才能给到对方"超预期"的峰终体验。

第一，感谢对方的时间。

首先，微信私信感谢他抽出时间来和你交谈，分享谈话过程中，你最受启发的一个点，请他和你保持联系。

其次，提供谈话过程中涉及的一些对他有价值的东西，可以是某条链接，某个他可以联系的人或者某条信息。也可以发出希望下次具体什么时间见面的邀约。

第二，社交滚雪球。

你的每一次见面，都可以产生社交的"滚雪球效应"。

和朋友见面，我基本上都会拍一张合照，然后发在朋友圈，并"@ 见面的朋友"提醒他们，描述本次见面的收获，再次感谢对方的时间，这既是对此次见面的完美"闭环"，也会放大价值，让更多人主动想来链接你。

初次见面，相当于初期留存，对一段长久关系的影响其实微乎其微，但它也决定了你们彼此是否愿意继续交往，还是只是见过一面之后就"沉睡"。这个阶段的本质其实还是激活阶段的延伸，其核心就是让对方能感受到彼此处于"啊哈"时刻。**只有真诚对待每一次见面的人，才会被认真对待。**

这世上多的是萍水相逢，泛泛之交，而在这浮华万千的世界里，信任让两个原本不相关的人，碰撞出很多火花，是何其不易。

一旦跨过留存初期，就进入留存中后期，这时，能彼此留住对方的就是利益合作或情感交流。也只有经过时间的筛选，发现双方的目标和三观一致，才能进入下一阶段。

中国有一句古话，**欣赏一个人：始于颜值，敬于才华，合于性格，久于善良，终于人品**，大概说的就是人际"留存"的这个道理吧。

¤ 精华回顾 ¤

1.麦肯锡信任公式：信任 = 可靠性 × 资质能力 × 亲近程度 ÷ 自我取向

可靠性：就是你做事情的靠谱程度，和事情的大小复杂程度无关。

资质能力：可以分为两个部分看待，第一部分是资质，也就是你的经验和头衔的总称；第二部分是能力。能力也可以大体分为两类：一类是专业能力；另一类是职场通用能力。

亲近程度：就是你和你要取得信任对象的亲近程度。

自我取向：这是一个分母，与信任程度成反比，说白了就是别太把自己当回事。

2. 55387 法则：

加州大学 (UCLA) 艾伯特・梅拉比安 (Albert Mehrabian) 于 1971 年所做的研究揭露，人与人之间沟通的结论：有 55% 的因素来自视觉的身体语言 (仪态、姿势、表情)；有 38% 的因素来自谈话时的声音面 (语气、声调、速度)；有 7% 的因素来自实际说出来的说话内容 (遣词用字)。

3. 3F 倾听模型：

（1）Fact：倾听事实

倾听事实是指不用自己的想法和固有观念对对方的话进行评判，客观地接受对方谈话中的信息，努力把握对方话语中的客观事实，不带偏见地看问题。

（2）Feeling：倾听感情

倾听感情是指在倾听事实的同时，通过语音、语调乃至肢体语言感知对方的感情。

（3）Focus：倾听意图

倾听意图是指把握对方真实想要的是什么，真正的意图是什么。有些人不擅于表达自己的意图，说出来的话跟真正的意图会有很大的差异。

转化：155 黄金人际关系圈，轻松管理你的人际关系

金句

你的人际关系网络，就是你主动选择和构建的世界。

——胃窦

假如有一天，你急需要用一笔钱，你能找到几个无条件信任你，愿意借钱给你的朋友呢？

在一次培训课我们接受一个挑战任务，就是在一个小时之内众筹到一笔钱。

当我把这个挑战任务发到朋友圈，立即得到好几个朋友无条件的转账支持，这让我非常感动。

不知从何时起，我们微信上的好友越来越多，但即使微信都被加满了，貌

似好友无数。可一遇到事情需要帮助，翻遍微信好友，却发现几乎找不到一个可以帮助你的人。

大部分人都有结识人际关系的意识和渠道，但却缺乏经营维护的方法和技巧，这恰好也是没有建立起有效人际关系的原因。

正如我一直强调的"二八法则"，20% 的弱关系会带给你 80% 的价值，人际关系的质量远比数量更为重要。AARRR 模型最后两步转化和推荐，前面几个步骤的重要目的，就是要从海量的人群中筛选、过滤出志同道合、彼此支持、相互赋能的朋友。

毕竟一个人的精力和时间有限，想要经营和维护好这些关键朋友，你不仅得学会对人际关系进行分层级管理，还要使用情感银行盘活手上的人际关系资源。

一、管理微信通讯录，划出 155 黄金朋友圈

你所选择朋友的类型，最终决定了你会成为谁。你的社交网络，就是你主动选择和构建的世界。

在社交上，有一个经典理论叫邓巴数字，即人类智力允许拥有稳定社交网络的人数是 148 人，四舍五入是 150 人。不管你是在人烟稀少的山村，还是在上海这种有 2 000 多万人口的大都市，上限人数仅仅是 150 人，精确交往。深入跟踪交往的人数为 20 人左右。

按照邓巴理论，美国著名人际专家 Judy Robinett 在《如何成为超级人脉高手》一书里提出 5+50+100 的 155 黄金人际关系圈管理方法，将朋友分为命友、密友、好友三类，被广泛使用。

1. 命友：5 个，顶级关系，过命，过钱的朋友

商业哲学家吉米·罗恩说过一句话："你是什么人，取决于你最常接触的五个人的平均值。"

所谓的"命友"，就是你们曾经有着过命或过钱的交情。

他们是你的钻石人际关系，即便你遇上再大的困难，对方都会无条件地全力支持你。你可以在深夜里向他们电话求助，也不怕在他们面前暴露自己的脆弱和缺点，你们会为对方的进步和优秀而感到骄傲。

他可以是你的亲人，也可以是闺密或好哥们，你们可以说是彼此最坚强的后盾。在他们身上的投入，我们不期待事业回报，而是情感回报。

你现在就可以想想，你目前的人生当中有这样的"命友"存在吗？他们都是谁，你们的交情是否能经受住考验？

命友是我们不可取代的财富，需要你时常维护关系，每两三天有事没事都要联系一下，彼此分享内心的秘密。

2. 密友：关键关系，50人

密友，是你的黄金人际关系，包括你亲密的朋友或客户朋友。

这50人里，有强烈吸引到你的地方，比如你们的性格相似、你们有共同的目标、你认可对方的专业能力，最重要一点就是对方也认同和喜欢你。

这50个黄金人际关系就是整张人际关系网的重要节点，对于他们，你需要主动创造机会，经常跟他们相互交流、信息传递、互相影响。和他们的沟通、碰撞，会在无形中影响并塑造我们。

同时，你还要观察对方需要什么样的资源，主动为对方创造价值，互相之间传递价值，盘活整个人际关系圈。

你们日常至少每周要有一次互动，朋友圈点赞评论，就是一种最轻柔体贴的陪伴。制造线下见面的机会，寻求更大的合作空间，将弱关系变强。

3. 好友：重要关系，100人

好友，是你的白银人际关系。好友，就是你们目前的关系还不够亲密，你希望未来更多地了解他们，也让他们有机会了解你。

对于他们，你可以在日常每个月做一些像微信点赞、私信等互动，遇到对方生日、重大节日、与对方相关的重大事件发生时，一定要主动送上祝福，产生进一步的互动。

当然，这155个人的位置并不是一成不变的，随着时间的推移，哪些人值得进入50人名单，哪些人是可以替换掉的，你随时可以考察更新。

目前，微信作为主要的社交工具，你完全就可以直接在微信上完成分类。比如，你可以直接在通讯录设置命友、密友、好友三个标签，再把你的微信好友做一次大整理，分门别类添加到标签。

设置完标签以后，你要重点了解对方的个人情况，比如他是从事什么行业的，有哪些核心技能。其次，要考虑你跟对方的交际内容，你和对方的关系目前停留在什么阶段。

例如，我手上当前有三个微信号，上万名好友，为了更好地记住每个好友的一些信息。每添加一个好友，我会在"描述"一栏，把对方的一些类似职业、地区等重点信息记录进去。之后随着了解的加深，随时进行更新。

155 黄金人际关系管理，通过前端漏斗式筛选，严格把控每一个进入 155 黄金人际关系圈的核心朋友，这时再花时间和精力，重点经营和维护，能起到事半功倍的效果。

二、持续产生互动，缩短心理距离

曾经我对很多关系都很自信，觉得只要心里惦记，就算不联系，对方也会知道。现在我会觉得，无论是爱情、亲情或友情，都是不联系就没有了，不经营就散掉了。所有的关系，都需要你精心经营。

心理学有一个理念，叫作"情感银行"。

每一段关系中都有一个"情感账户"，这就好比银行存款一样。比如，你今天和一个朋友合作共赢，即是往"情感银行"中存了钱。明天你损害了他的利益，就是从"情感银行"中取出钱。

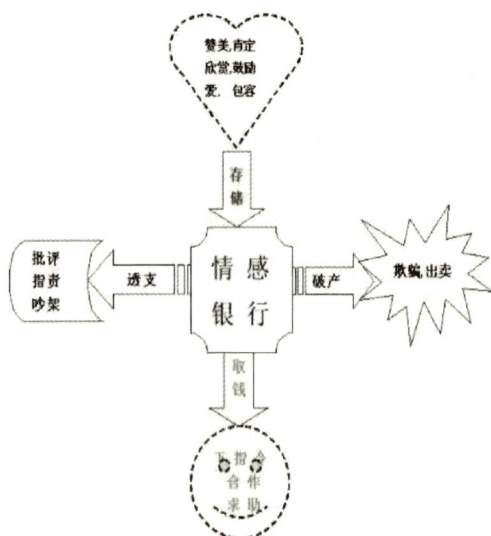

人际关系能否产生复利效应，就看你是每天往"情感银行"里存钱，还是不停从中取钱。简单来说，一个天天麻烦别人的人，和一个天天能给别人带来帮助的人，给朋友留下的形象肯定不一样。

两个人的关系，主要是由心理距离较远的一方决定。维护关系要有抓手，没有抓手的关系维护起来不容易，勉强的关系很无趣。这个抓手就是找到两人之间的共同利益点，给对方赋能，还要有耐心，为他持续增加价值。

你需要通过一些抓手，创造一些机会，拉近彼此的心理距离。以下讲述几点具体方法。

1. 请对方帮自己一个小忙

有研究表明，请对方帮自己一个小忙，是增进两人关系可靠的途径。

请别人帮忙最重要的一点是，不要认为对方帮你是理所当然的。在别人帮助你之后，要及时表达谢意，被别人拒绝，也要理解对方。

我曾经在微信的视频号里发过一则征婚广告，微信视频号通过六度人际关系的算法规则传播，就是如果你朋友圈里的人点赞，在他的朋友圈里就会显示你的这条动态。当时为了让这条动态能被更多人看到，我找到密友标签里的人，主动请他们帮我点一个赞。

当然，其中也有人拒绝了我，但大部分人都是积极回应，还有几个大咖老师主动帮我推荐了几个脱单群。

但一定要记住，这种帮忙一定不要超出对方的能力范围，不要给对方造成困扰。

我的新书在准备邀请大咖帮我做推荐，我一定会自己先写好几个范本。想请对方帮我引荐的时候，提前写好自我介绍和诉求，让对方直接转过去即可。

这种请别人帮你一个小忙，看似在"取钱"，但只要注意边界，尊重别人的时间和价值，其实也是在往你们的"情感银行"中存钱，制造共同的话题。

2. 主动帮对方的忙

主动帮对方的忙，是在往你的"情感银行"中存钱。

我以前在采访一位大咖老师的时候，他当时有提到对我前公司的会员卡很感兴趣，随口提到是否对其会有一些优惠政策。我当时就把这一点记下来，当即联系以前公司的同事，拿到了一些优惠券，再给对方。

一来二去，对方对我也就有了一些印象，成功加到了他的微信，日常也就有了更多互动的机会。

主动帮别人的忙，把它当成一种习惯，你会发现做一个手心向下的人，远比做一个手心向上的人更富有。

真正的人际关系不是你利用了多少人，而是你帮助了多少人；不是多少人在面前吹捧你，而是多少人在背后称赞你；不是你和多少人打交道，而是有多少人愿意主动和你打交道。

3. 成为人际网络的枢纽节点

如果把人际关系比喻成一张大网，每个人都是网络连接中的节点，两个人的关系就是节点中的连接线。

但有些节点，就真的只是一个节点；而有些节点，就是能把不同的节点连接在一起，成为"枢纽节点"。

比如，我在上海认识一个朋友，是做游泳服务的，人际关系非常广阔。往往我有一个需求，他就能给我介绍某一位朋友，迅速帮我解决问题。

跟他多打几次交道之后，我发现他就是非常典型的人际网络节点，为人热心，经常愿意给朋友介绍朋友。一来二去，被引荐的双方都会对他很感激，彼此就成为不错的朋友。

现在的我，依靠这一整套的人际关系运营方式，积累下了各行各业的朋友，现在也经常帮助上下游的朋友对接需求和合作，久而久之也成为人际网络枢纽节点。

如果你想要获取良好的人际关系，除了向他人传递你的价值之外，也可以向他人传递他人的价值，做人际关系的中转站。

心理学家亚当·格兰特说，**"生活中结识正确的人肯定会对你有帮助，但是他们会多么努力地支持你，为你冒多大风险，这都要取决于你所提供的东西。"**

真正强大的人际关系，不是指你们认识了多久，喝过多少次酒，吃过多少顿饭，而是你对他有多大的价值。你的价值越大，他就越会帮助你。同理，他对你的价值越高，你也越会为他事事上心。

选择和谁做朋友，与谁共事，进入怎样的圈层，很大程度上决定了你下半辈子的路怎么走。努力提升自我价值的同时，构建一个你喜欢和选择的世界，你才能活成自己想要的样子。

¤ 精华回顾 ¤

1. 邓巴数字：

英国人类学家罗宾·邓巴提出，人的大脑皮质大小有限，大脑皮质的认知功能只能同时维系和 150 个人正常的交流。

2. 155 黄金人际关系圈：

美国著名人际专家 Judy Robinett 在《如何成为超级人脉高手》里提出 5+50+100 的 155 黄金朋友圈管理方法，被广泛使用。

（1）命友：5 个，他们是你最亲密、有过命之交的人，他们是你可以在深夜里向他们电话求助的人，是你在他们面前展示自己的脆弱也不怕的人，在他们身上的投入，你不期待事业上的回报，而是情感上的回报。

（2）密友：50 人，亲密的朋友 / 客户朋友，他们具有你欣赏的智慧、能力、资源，你们的交流可以促进互相成长，你努力寻找机会为他们创造价值。

（3）好友：100 人，你希望更多地了解他们，也让他们有更多机会了解你，持续考察是否进入黄金人际关系 50 人。

3. 密友五次元理论：美国杰出的商业哲学家吉姆·罗恩曾经提出的"密友五次元理论"，与你亲密交往的 5 个朋友，你的财富和智慧就是他们的平均值。

4. 情感银行：如果把人与人之间的关系比作一个"情感银行账户"，"存款"＝积极的语言和行动，如赞美、鼓励、信任、爱；"取款"＝消极的语言和行动，如责备、批评、否定、抱怨；"余额"＝你跟他人的沟通程度，解决问题的能力。

10 年亲身经历总结：最好的贵人，就是努力的自己

身边的朋友经常会说："真羡慕你，一路上都有那么多人帮助你"。

我也常说，自己有遇贵人体质，这一路走来，在人生遇到重要抉择的时候，总有贵人出现，对我的人生起到关键的指引作用。

不过这里的贵人，不同于前面提到的大咖牛人的定义。在我看来，真正的贵人，并不是直接给你带来利益的人，而是开拓你的眼界，纠正你的格局，给你正能量的人。

他们可能是在你跌倒的时候，拉了你一把的人；可能是在你迷茫的时候，给你指引方向的人；也可能是全世界都认为你是一个失败者，只有他相信你能行的人……

他们甚至从来没有想过，你未来会给到他们什么样的回报，你的未来会是什么样子，只是单纯地想把你送到彼岸，让你有机会成为更好的自己。

比如，我的写作之路遇到第一位贵人 ——《中国青年报》高级记者陈强。

那一年，我才上大学，恰好作为校园社团学生记者，在学校的一次创业成果展示会上，一脸青涩地我结识了前来采访的陈强记者。

结果，陈老师在和我短暂交流过后，问我是否有兴趣加入福建高校传媒联盟（注：高校传媒联盟：中青报携手国内 63 所重点高校共同发起成立的校园媒体联谊组织）呢？

就这样，作为一个和新闻八竿子打不着的医学生，我意外地闯入了这个世界。

后来，在老师的指导下，我加入了福建校媒，在中青报上发表过数篇文章后，顺利通过考核，成为福建记者站的实习生。同时借助校媒的平台，也让我有机会走出原本的小世界，去到北京、贵州、江西等多地采访调研。

我一直很感谢陈强老师当年的知遇之恩，是他把我带进新闻这条路，让我原本迷茫的文字之路重新插上梦想的翅膀；包括他一直奉行的新闻信条——激情、勇气、良知，都对我的整个人生起到至关重要的作用。

人最大的运气，是某一天能遇到一个贵人打破你原有的思维，带你走向更高的平台，遇见不一样的风景。

有人甚至称这种贵人是你生命的"赞助商"，在你还没有资格参加高层会议时，就为你说话、支持你，愿意把宝贵的时间和资本花在你的身上。他们可遇而不可求，如果你有机会遇到，一定要牢牢地抓住，懂得感恩和珍惜。

一、为什么会有"贵人体质"——吸引力法则

如果你问我，如何才能拥有"贵人体质"呢？

说实话，我也说不出来具体原因，只能结合相关的理论和过往 10 年的经历来剖析。

作家朗达·拜恩在著作《秘密》说，当一个人的思想集中在某一领域的时候，跟这个领域相关的人、事、物就会被他吸引而来。

也就是说，你生命中所发生的一切，都是你吸引来的。只要你先坚信一件事、渴望这件事，你才能实现它。

这话听起来好像很玄学，但只要你平时多留意，就会发现这就是真的。如果你每天都想着怎样才能赚到钱，你的行动就会随跟上思想，变得积极向上。

人与人的吸引也是同样的道理，**当你想要获得某一样东西时，你就想象自己已经拥有它的画面，越具体越好，这就相当于在向宇宙发出强大的频率，吸引力法则会捕捉到你这个有力的信号，进而把你心中所想的一模一样的画面传送给你。**

我在写作路上的第二个贵人，是我考研失利"沪漂"那段时间遇到的。那是我人生最迷茫的时期，我知道自己想走文字这条路，但不知道该怎样走，能走

成什么样子，只能头也不回地往前走。

就是在这种情况下，我通过海投简历，结识了后来直接招我进互联网公司的前领导张海林。

坦白说，那时候的我，除了具备一点写作功底，发表过一些数据还不错的文章以外，其实连"文案"两个字具体的含义都不懂，可以说完全是一个互联网小白。

但她直言说，就是看到我身上具备一股倔强的劲儿，很像当年初入职场的她，愿意给我机会和时间去成长。

两年里，她不但给到我很多文字方面的指导，还经常私底下跟我传授过很多职场经验和小技巧，"没有永恒的职场，想要更好的发展，你必须要提升自己的能力"。"不管是否要跳槽，至少半年要出去面试一次，才能知道自己的能力是否欠缺。"

我无法想象，如果当年没有遇见她，今天的自己会是什么样子。

同类相吸，你想要什么，就能得到什么，你生命中所发生的一切，都是你吸引来的，这就是吸引力法则。这个法则决定了宇宙完整的秩序，决定了你生命中遇见的人，以及生活中所经历的每一件事。

二、怎样才能拥有贵人体质，实现人生开挂呢

当然，很多人可能也有疑问：那我还想要认识王健林，实现一个亿的小目标，怎么做梦祈祷也没用呢？

对此，我不得不说，吸引力法则和白日做梦还是有一定差别的。

遇见贵人一定程度上是偶然也是必然，它是你生活中的一面镜子。你自己是贵人，生活这面镜子就能帮你找到更多的贵人。就像吸引力法则的神奇之处在于，当你的频率和你想要之物的频率产生共振时，你就会迫不及待地想要去做与你想要得到的事物相关的事情。

但在你的频率和你想要实现的事物的频率还没有产生共振之前，你所做的只是增加了让愿望变成现实的概率。归根结底，在于你是什么样的人，你做过什么样的事情，愿望越强烈，就越能让宇宙感受到你对这件事的渴望程度，从而把它送到你的面前。

在互联网的 AARRR 模型中，最重要的就是产品过硬，经得起市场的检验。人际关系的 AARRR 模型，最核心在于你这个人足够靠谱，经得住他人和时间的检验。

那么作为普通人，我们应该如何增加吸引力法则的概率，据我个人多年的观察，总结观察到的三个特点：第一，做积极主动的人；第二，成为优秀靠谱的人；第三，遇见贵人最好的方式，是自己先成为贵人。

1. 做一个积极主动的人

在《高效能人士的 7 个习惯》一书中，史蒂芬·柯维博士就把"积极主动"这个习惯放在第一位。它不仅仅指行事的态度，还意味着你要对自己的人生负责。

你要相信你的现状是你过去的行为所导致的，而你现在的行为，将会直接决定着你未来的境遇。

我记得第一次考研失败，对于我二十几岁的人生，算是一个非常大的挫折，以至于当时的我整个人陷入极端负面的状态，经常会忍不住跟身边的朋友抱怨，"太衰了，就差一点点"。

久而久之，身边的朋友产生了反感，渐渐疏远了我。要知道，没有人喜欢靠近负面的人，你的负面情绪会直接把你吸引贵人的磁场拦在门外。

第二年，同样是遭遇了第二次考研落榜，只是经过一年的磨炼，我的内心也逐渐强大起来，成绩出来的当天下午就选择积极面对——投简历找工作。也是这种积极主动的态度，让我遇到很多人生中重要的贵人。

此后，无论遇到再大、再难的事情，我都能乐呵呵地去面对，日常都会在朋友圈里，开启早起打卡、生活感悟、睡前分享金句，进而影响身边的朋友和读者，以积极乐观的心态去面对生活。

我们常说"爱笑的人运气不会太差"，积极主动的人总是更受欢迎。

2. 成为优秀靠谱的人

想要吸引到贵人，做一个积极主动的人还不够，你还得努力变得足够优秀，足够强大。

不信的话，我问你一个问题，"你在生活中，曾经帮助过什么样的人"？

答案无非就是以下两种人：

第一种，极其可怜、有困难但潜在价值很低的人；

比如，当你在网上"冲浪"时，看到过不少类似"水滴筹"之类的求助信息，有时候，你可能也会非常好心地捐款 10 元、100 元。这就是我们所说的第一种帮助。

第二种，暂时有困难，但潜在价值很高的人。

比如，你身边的朋友，暂时遇到一些困难，你觉得对方值得帮助，就会愿意在力所能及的范围内帮他一把。

这两种帮助都出现了一个所谓"贵人"的角色，但第一种帮助是靠别人的"施舍"，而第二种帮助是别人看到你身上的价值，愿意投资你。

李笑来老师曾总结过遇见贵人的 12 个原则，其中就多次提到，优秀的人，值得尊重的人更容易获得帮助；活在未来的人更容易遇到贵人，因为别人能在他的身上看到未来。

记住，这个世界上，除了你的父母，没有人有义务一定要帮助你、对你好。

你的贵人愿意帮助你，一定是看到你身上未来的价值和潜能。你要做的不是理所当然地接受，而是要努力让自己足够优秀，才配得上别人对你的投资。

当你不够强大的时候，想要遇到一个贵人，可能都很难。当你足够优秀的时候，就会遇到更多更优秀的人，挡都挡不住。

3. 遇见贵人最好的方式，是先成为贵人

最后一点，想要遇见贵人最好的方式，就是先成为别人的贵人。

这句话的底层逻辑其实是：你是索取思维，还是付出思维呢？

你身边是不是也有一些朋友，他们会不断地从你那里索取价值，让你帮忙做这做那，但却从来不给你提供任何价值。

你也谈不上对他们的讨厌或喜欢，但就是觉得心里怪不舒服的，有什么事情自然也不会主动想到他们。

在这个社会里，没有人愿意给人免费提供价值，除非你先给别人提供价值。

其实，我在"沪漂"之前，也从来没有意识到这一点，经常会把别人的付出当成理所应当。直到我某一次不经意地帮了一个朋友，竟然获得很多意想不到的收获。于是，我就开始转变思维，成为主动付出的那一个。

比如，在经过"沪漂"初期的蜕变，我摆脱原来那个不自信的小女生心理以后，就开始在社交平台输出我的思想和观点，当时有不少读者纷纷留言了他们成长的困扰。为了帮大家解答成长问题，我发起过"百人助梦"计划——免费帮助身边 100 个朋友和读者做一对一地成长咨询。

后来，来咨询的朋友越来越多，精力有限，我就思考着能否根据自己一路走来的迷茫和探索，总结出一套可复制的成长经验，帮助更多年轻人找到思维的突破口。这才有了你现在手上看到的这本书。

就像我很喜欢熊浩老师在《奇葩说》里的"微光理论"，你想让这个世界变得更好，唯一的方法就是尽量发光，不是因为相信这个光可以照亮一切，只是因为黑暗里的一点点光，在远处会特别耀眼，其他的光会看到你这束光，微光会吸引微光，微光会照亮微光，我们互相找到，然后一起发光，才能把阴霾照亮。

"给永远比拿好"，当你成为发光的那个人，主动付出的那个人，最后收获最多的一定是你自己，而且会远远超出你的预期。

很多时候，我们都希望能得到贵人的帮助，贵人就像我们人生路上的顺风车，有他们载上一程，我们到达目的地就会快很多。

可是，"千里马常有，而伯乐不常有"。与其等待别人成为自己的贵人，倒不如你通过自己的努力，先成为别人的贵人。

由此，我们开始抛出的那个问题，相信很多人这时已经有了答案。

其实，宇宙吸引力法则的存在，使我们在人生的每个节点或拐弯，都会遇到帮你纾解或指引的人，他们是我们人生中不可多得的"贵人"。我们要带着感恩的心走好自己的路，以此作为报答"贵人"的方式，并努力成为别人的"贵人"。

不过要永远记住，一路走来，**最好的贵人，永远是那个不断在成长的自己。**

如果你不努力，你不成长，遇到再多的贵人也没用，别人想拉你一把，都不知道你的手在哪里。

互勉。

认知篇

狄更斯说，这是最好的时代，也是最坏的时代。这是一个智慧的年代，这是一个愚蠢的年代。

这个时代，给予年轻人很多机会，也让他们面临各种挑战。因此，一个人的命运，不仅要考虑个人奋斗，也要考虑人生阶段、历史进程、社会发展。

人和人最大的差别在于认知的差别。

你对自我的认知，你对世界的认知，决定了你的思维，思维决定了行动，行动决定了结果。

所谓的成长，就是认知升级

> **金句**
>
> 人生的分野，就是在一个个做决定的路口。认知拉开的差距体现在你的财富上，也会呈现在你的眼神里。
>
> ——胃窦

从小到大，我们就被父母教育"知识改变命运"，可当看到 985 研究生毕业的姐夫和 211 研究生毕业的姐姐，想要在老家二线城市买一套婚房，可能需要背负上 20 年，甚至 30 年的房贷。我就对这句话后头打上个大大的"问号"，知识能让我们的命运不至于落于人后，但如果你想要往上走，就会发现靠单一的技能赚钱，顶多只能满足基本的温饱问题。

这个时代，谋生的方式多种多样，但归根结底无非就是以下四种：

第一种，体力和技能的转化，普通大众都主要靠双手吃饭。一旦不工作，就意味着没有收入。

第二种，知识和学历的转化，大部分普通员工都是这种模式。这种模式缺乏核心竞争力，也是最容易被取代掉，"你不干，有的是人干"。

第三种，能力的转化，大部分企业的员工，能力差距是线性的，当一个人端正态度，能力就会有所提升。而且这种转化，不过是你月薪两万元，他月薪一万元的差距。

第四种，认知的转化，这才是真正拉开人和人之间距离的转化模式。

如果说知识是地基，认知就是带你理解时间的指南针。不同的认知，产生不一样的行为，从而带来完全不一样结果，再加上时间的复利作用，差距就会自然产生。

举个简单的例子，2012 年公众号崛起，2018 年短视频快速发展，但凡你抓住其中的某一个，人生都能发生巨大的改变，但同样面对这个机遇，有多少人能抓得住呢？

这个时代的努力，早已不是拼体力，甚至连学历和能力都没有多大的作用。人生的分野，就是在一个个做决定的路口。认知拉开的差距体现在你的财富上，也会呈现在你的眼神里。

一、你的认知高度，决定你所看到的世界

心理学上有一个理论叫邓宁－克鲁格效应，它将一个人的认知状态分为四个层级。

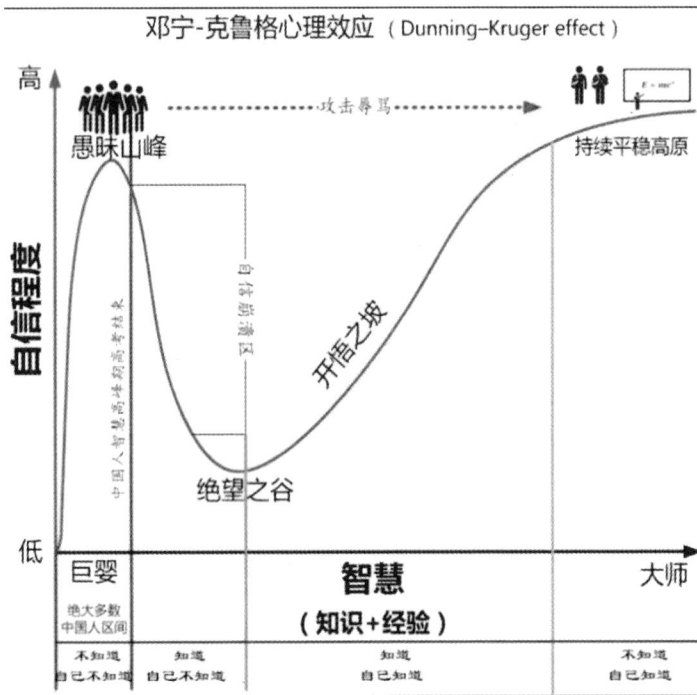

邓宁-克鲁格心理效应（Dunning-Kruger effect）

第一个层级，不知道自己不知道，绝大多数人都处在这个区间。就像小时候读过的《坐井观天》里的那只青蛙，坚持认为天空只有井口那么大，哪怕有人告诉它天空很大，它也不相信或者不愿意努力去追求更大的天空，只想懒洋洋地躺在舒适的井底。

第二个层级，知道自己不知道，有一部分人突然意识到外面的天空很大，自信心崩溃，陷入绝望之谷。

第三个层级，知道自己知道，极少部分人在经历第二层级的绝望之后，不断扩大井口，走上开悟之路，具备足够的知识和一定的视野，对井外的世界（世界的规律、人际的逻辑、人生的逻辑）有了一个较清晰的认知，对自己也有了更清晰的定位，并且非常清楚自己想要的是什么。他们也因此能取得让前两种层级人羡慕的成就。

第四个层级，"不知道自己知道"的状态，只有少之又少的人才能达到超然的境界，他们能始终保持空杯心态，是认知的最高境界。

我们的一生，都在为自己的认知买单，认知层次不同，所站的高度也不同，看到的世界自然不一样。

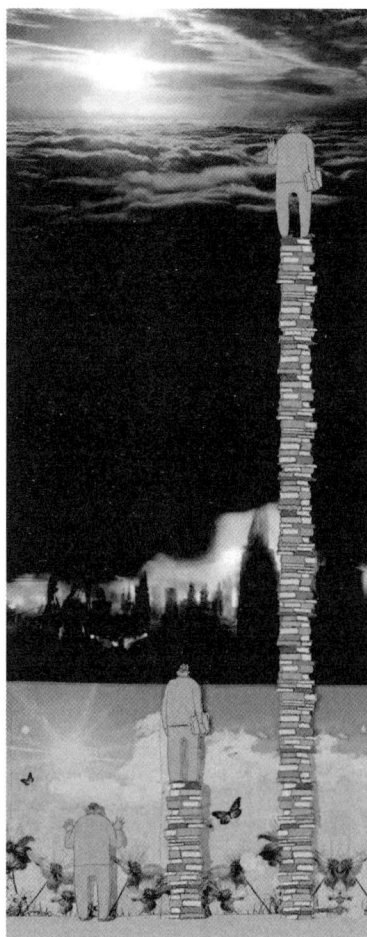

就像上面这张图：

第一个人没读过书，认知匮乏，他只能看到表面世界虚假的美好与生机。

第二个人读过一些书，见过一些世面，看到美好背后还有黑暗和消极的一面，反而陷入无限的痛苦和迷茫。

第三个人学识渊博，认知不断升级，达到知道自己知道，或不知道自己知道的境界，明白这世界不是非黑即白，从黑暗和迷茫中窥见希望。

你可以重新审视自我，判断你自己当前处在什么位置。

其实我们每个人所看到的一切都被一口井局限，这口井由你从小到大所处的环境、教育、阅历等决定。

我们在走进社会之前的成长，绝大多数依赖的是学校教育。教育给我们带来的是知识，甚至可以是智力上的开发，但这仅仅属于认知的一小部分。

真正的认知，是我在【学习篇】中讲到的知识金字塔塔尖上的智慧，需要一个人经历许多真真切切的事件。这些事件，经过时间的发酵和积累，构成了一个人的基本认知。

二、认知的本质就是做决定

有一句话是这么说的，**你所赚的每一分钱，都是你对这个世界认知的转化，你所亏的每一分钱，都是因为对这个世界认知有缺陷。**

如果说知识是对过去经验的总结，那么认知就是对未来做预判。每个人看世界时，都戴着一副叫作"认知"的洞察力眼镜，从而做出不同的选择。如猎豹创始人傅盛总结的，**认知的本质就是做决定。**

当遇到相同或相似的场景时，人们总习惯用以往的经验来做出判断。当你的认知水平很低的时候，脑海中的构念就会趋向单一，缺乏弹性，因而决策也很狭窄。如果你的认知水平较高，脑海中的构念更多元化，决策就会更灵活。

也正是因为认知的差距，导致两个人在面对同样一个机会时，会做出截然不同的选择，这才是真正拉开差距的转折点。从某种程度上来说，认知升级远比积累知识重要。

举一个身边典型的例子，面对 2012 年公众号的出现，我服务过原来东家十点读书创始人林少在创业之前只是一家飞机修理厂的设计师，长期以来对网络的研究和认知，让他一下子看到了公众号的红利，从 0 做到 3 000 万的用户体量，实现了财富和人生的巨大翻转。

所谓时势造英雄，实乃至理名言。当年能看到这样的机会并且抓得住的人，大多都实现了人生的跃迁。

30 岁之前，我们第一要紧的事情就是尽快建立起自己在某个行业内的核心能力，它将会是我们安身立命之本。30 岁之后，当我们拥有了一两项足以安身立命的核心技能之后，就要通过认知找到机会，成为抓住时代红利的幸运儿。

三、所谓的成长，就是认知升级

美国心理学家乔治·凯利曾经提出过"个人构念论"的观点，是指一个人的认知，是由过去的见识、经历、思维、期望、评价等形成的观念。

人的大脑就像是一个 CPU，必须要有大量的信息输入，足够的思考频率，才能拥有更全面的认知，从而做出正确的预判和决定。

从大学开始这 10 年，我一直身体力行地在践行着，**读万卷书不如行万里路，行万里路不如阅人无数**。正是这些认知输入模式，才促使我做出了一个个现在看起来还算正确的人生决定。

1. 读万卷书

所谓的读万卷书，不仅仅要做到我在【学习篇】讲的精读专业方面和行业内的书籍，重要的是泛读。

阅读并不为了增加"数据"，而是为了使后台的操作系统升级。在阅读的时候，你的操作系统是被迫升级的一个状态。当你阅读到足够多的数量的书，你就会发现大脑里的思维程序能相互进行联机处理。

至今，我依然很感谢自己在大学期间主要做了三件事：一是享受在图书馆的阅读时光，二是当了一名学生记者，三是自力更生赚取学费和生活费。

我们学校的图书馆很大，有 100 多万册的藏书，而且都是免费的。当时除了上课和兼职的时间，我几乎有时间就是在图书馆度过，经常被图书馆老师调侃，"你该不会是把图书馆当成家了吧？"

那时候太年轻也不懂，几乎没有太多的挑选，上至专业的医学法律书籍，下至各种历史人文书刊，报纸杂志，反正感兴趣就读。

也正是那些年阅读过的那一本本书，让我积淀下了扎实的文字功底，锻炼出独立的思辨能力。

工作后接触知识付费领域，我紧跟时代的脚步，把单纯的纸面阅读，转为各种视频、音频的学习，小到 9.9 元的微课，多到几万元的课程服务，只要我认为这个课程能解决我当前的困境，就会毫不犹豫地为认知买单。

正是这些年的积累，现在面对同样的事情，我会比别人拥有更多的视角去判断，更快的反应去决策。

奥美有一则广告词是这么写的：

我害怕阅读的人，他们能避免我要经历的失败。

我害怕阅读的人，他们懂得生命太短，人总是聪明得太迟。

我害怕阅读的人，他们的一小时，就是我的一生。

我害怕阅读的人，尤其是还在阅读的人。

我相信，保持终身学习，后台数据不断增加，认知不断迭代的人，永远是最有竞争力的人。

2. 行万里路

编剧宋方金老师曾经写过一首小诗：

亲爱的，我要怎样才能向你形容和描述我历历在目的那场鹅毛大雪；

我的困难在于：

一、你从未见过大雪；

二、你也未曾见过鹅毛。

说来你可能不信，作为农村长大的孩子，上大学之前，都没有出过市。直到高考后，才有机会到省会城市读大学。

大二那年，我通过报名中青报的一个活动，第一次坐 30 个小时的绿皮火车出省到贵州调研采风。

之后，通过去参加北京国际车展，到江西赣州调研走访等活动，我有幸到过很多地方，认识全国各地的优秀大学生。

此后，我就爱上了行走，通过兼职、存钱、做义工、穷游等方式，足迹遍布了小半个中国。

人都是自我保护型生物，当你对未知世界认知不够，天然的恐惧就会束缚你的选择。我一直在想，如果不是大学期间，有机会走过那么多地方，眼界被打开了，我应该只会专注于眼下的一亩三分地，没有勇气裸辞去"沪漂"。

一个人的行动，都是他过往的阅历一点点积攒起来的勇气，它会像一颗种子的发芽，除了最后撒下的那一份肥料起作用之外，最重要的是要感谢之前所有的灌溉。

毕业工作后，总算有了一些积蓄，我又把眼光放到更大的世界。据个人蜂窝网记录，至今我的足迹已经遍布全球 11 个国家，72 座城市。

尤其是当我到上海的第一年，独自去往欧洲，当时就想看看书里说的法国有多浪漫，德国有多严谨，瑞士有多美丽，究竟是不是真的？

当我真实地置身于欧洲这片土地，在这里停留，才能深刻感受到"国外的月亮并不比国内圆"，在巴黎见过逃地铁票的普通人民，也经历过同行者在意大利被吉卜赛人抢钱包的遭遇。

这时，你对世界的认知就会发生翻天覆地的变化，你的世界观也会在这个过程逐渐形成，就像韩寒在《后期无期》中说的，**"你连世界都没有观过，哪来的世界观"**。

世界是一本真实的书，不能行万里路的人只看到封面。只有你出去走一走，看过不同的风景，见识过不一样的人文，你的世界观才会逐渐形成。**眼界影响你的世界观，而世界观决定你的认知和选择。**

大部分像我们这样普通家庭出来的孩子，往往乐于研究各种方法论，却忽略了提升我们世界观的格局。

我认识一个上海姐姐，每年都会带孩子到世界各地去旅行。

有一次，为了鼓励孩子练钢琴，她告诉孩子，"你好好学琴，明年我们去音乐之都维也纳。"

孩子还太小，非常天真，完全不知道那里是很多学了一辈子音乐的人梦寐以求的地方。结果，第二天他就兴高采烈地告诉音乐老师，"老师，我妈妈说明年要带我去维也纳，您要不要一起去呢？"

这大概也是人们差距拉开越来越大的原因吧，**普通人是困在了认知的天花板里。**

在这里，并不是鼓吹你要花多少钱毫无目的地去旅行，培养眼界。

"一元钱有一元钱的活法，100 元钱有 100 元钱的活法"，不管是大学时代的穷游中国，还是毕业后去欧洲旅行，除了必要的旅费，我连一样奢侈品都舍不得给自己买。我坚定地认为，**决定一个人认知的，不是机遇，而是见过天地之后的视野和格局。**

30 岁之前，你能走多远，大概率决定了你的一生能走多远。

这短短的一生，我们最终都会逝去，不妨大胆一些，在能力范围内尽量地走出去，不管你的足迹所到的地方是周边的城市，还是北上广深，或者是更大的世界。也只有在不断地行走过程中，去认识世界，反过来才能更好地认识自己，知道自己一生的奋斗，究竟是为了什么。

3. 和高人联机

一个人的认知和思维，在很大程度上是由所处的环境和圈子决定的。同在一个环境和圈子里面久了，你的认知就会被固化，被环境同化，会被原有的认知局限了观念。只有不断和高手联机，你才能掌握打破认知盲区的主动权。

我大学时就意识到，一个人能走多远，取决于与谁同行。只有和优秀的人在一起，才会变得更加优秀。这也是最快的成长方式。因此，当身边的同学都还把所有精力放在学业上时，我就找各种实践的机会，和各行各业的人交流。

"沪漂"之后，我有一部分工作内容是做人物采访，从而有机会接触到很多平时只能在电视、书本上看到的大咖。可以说我的认知是在一次次采访过程中，被他们直接"拔高"，有一种大彻大悟人生真谛的感觉。

之后，每当遇到自己不能解决的卡点时，比如反复情绪低谷，或者某个方面自己很久都想不通，搞不定的时候，我就会选择主动找到那些已经活成我想要成为那样子的人，或者我认为对方在某方面很厉害，能够帮到我的人去求助。

"三人行，必有我师焉"。你经历过的很多人生低谷别人都经历过，你想了很久都想不通的卡点，别人可能一眼就知道你处在什么困局，学会和高手聊天，你会收获看待成长、世界的不同视角和智慧。

《盗梦空间》里有一句话，**你只有终结一种认知，植入一种新的认知，你所在的世界才能立即发生变化——这个变化从物理意义上看不出来，但你的世界已经焕然一新了。**

人与人之间的底层认知差距，从来都不是一两天拉开的，是你所生活的环境，接触到的事物、人物，看过的书，走过的路，日积月累逐渐拉开的。你只有改变环境，包括生活环境、人际圈子，才能掌握打破认知盲区的主动权。

所以，勇敢一点，人生是一场绚丽的突围，你必须进行一次次认知升级，才能在成长这条路上去成为你想成为的人。

¤ 精华回顾 ¤

1.邓宁 – 克鲁格效应：是指能力欠缺的人，在自己欠考虑的决定的基础上，得出错误结论，但是无法正确认识到自身的不足，辨别错误行为，是一种认知偏差现象。这些能力欠缺者们沉浸在自我营造的虚幻的优势之中，常常高估自己的能力水平，也无法客观评价他人的能力。

2.认知升级的方法：

（1）读万卷书；

（2）行万里路；

（3）与高手联机。

没钱、没背景，普通人如何通过"点线面体"实现弯道超车

BBC 电视台曾历时 56 年拍摄了一部纪录片《人生七年》，记录 14 个孩子的人生轨迹。

这些孩子出生在完全不同的家庭环境，他们有的来自精英家庭，有的来自中产家庭，也有的来自普通家庭甚至是孤儿院。

导演迈克尔·艾普特的初衷，是通过每隔 7 年的回顾，试图去回答一个问题："一个人出身的环境，能不能决定你的未来？"

结果，除了一位名叫尼克的幸运儿，通过读书，实现从乡村小子到牛津大学教授的转变，成为唯一一个打破壁垒的特例，大多数孩子的人生轨迹，几乎没有超越原生家庭。

来自精英家庭的孩子，家族给到的眼界、格局，让他们对自己有着清晰的规划，从贵族学校毕业并进入牛津剑桥，成为社会精英，过上了优渥的生活。

中产家庭的孩子有些也进入了一流的大学，但毕业后更多从事公益性或者教师的职业，延续着他们父辈简单、安静的平凡生活。

而来自普通家庭的那些孩子，对未来没什么打算，梦想就是不挨饿。他们大多早早地辍学进入社会，经历早婚、多子、失业等命运。并且他们下一代的境况也跟他们差不多。

这个时代，没钱、没背景、没资源的"三无"年轻人，还有命运翻转的机会吗？要如何才能实现弯道超车呢？

一、选择大于努力，你要借助"点线面体"的崛起

关于普通人如何改变命运？

简单概括就是，**天时、地利、人和，三者缺一不可。**

首先，"天时、地利"是一个人想通往成功之路必备的机遇和环境，你生活在什么年代，什么国家，就是你最大的命运。

那么，为什么在同一个时代，同一个国家，有人命好，有人命不好呢？因为有人把握住时代的机会，有人没有。

梁宁在一个产品课程中提到过一个故事：

一对双胞胎在 2010 年一起大学毕业，一个加入腾讯；另一个进入报社。

7 年之后，去腾讯的那位已经是年薪百万元，而且满街都是挖他的猎头。就连投资人也在挖他，只要出来创业就给钱。

去报社的那个，随着纸媒的没落，他曾经寄托理想的整个产业都没有了，一切都需要重来。

为什么智力、能力和努力程度都差不多的两个人，仅因为毕业后不同的职业选择，整个人生就发生了翻天覆地的变化呢？

这个例子真的让我深有感触，因为它确确实实就发生在我身边：

我大学曾在传统媒体实习过，当时认识一个非常优秀的学长，他在毕业后选择从事传统新闻行业。当然，他也做得非常优秀，业内取得很不错的成绩。但工作几年后，因为传统媒体普遍不景气，他出乎所有人意料地转行了。

而我当初选择"沪漂"，意外地进入互联网行业，从事了正在欣欣向荣的移动互联网工作。回顾这几年的成长，之所以能取得还不错的成绩，除了个人单点的努力之外，更为重要的是赶上了所在公司的飞速发展及行业的快速崛起。

这就是阿里巴巴曾鸣说的**"点线面体"的选择**，所带来的不同结果：

所谓的"点"，是指你自己，你是在一直成长，还是止步不前？

所谓的"线"，是指小经济体的发展，也就是你所选择公司的发展状况。

而一家公司的发展又离不开他所附着的行业，"面"代表了行业的趋势。即便你个体"单点"再努力，在你所在的公司做得再好，如果整个行业处于下沉

趋势，也只会像是坐在泰坦尼克上的头等舱，在风浪面前，只会不断地沉没。

最后的"体"代表的是时代的大趋势，比如5G时代的来临，大数据、物联网和人工智能等技术将取代很多原本的传统行业。

没有人能靠追逐平庸的机会，实现命运的翻盘。

我也终于明白，为什么大多数像我父母那样的普通人，作为一个"勤奋"的人，勤勤恳恳地干了一辈子，最后也只能勉强在温饱线上。

富人则借助"面"和"体"的崛起实现自身发展，比如20世纪80年代下海，90年代炒股，2000年前后买房，迅速实现财富的积累。

尤其是梁宁当时有一句话让我恍然大悟：

"悲催的人生，就是在一个常态的面上，做一个勤奋的点。

更悲催的人生，就是在一个看上去常态的面上，做一个勤奋的点，你每天都在想着未来，但其实这个面正在下沉。

最悲催的人生，就是在一个看上去常态的面上，做一个勤奋的点，其实这个面附着的经济体正在下沉。"

很多人以为在工地上搬砖，在工厂做流水线，在公司熬夜加班，住在很糟糕的出租屋里就是在吃苦。这的确是在吃苦，可这是最低级的苦。低级的苦，能带给你的回报也极其有限。

不信，你可以看一眼凌晨四点就开始扫大街的环卫工人、在建筑工地里辛苦干活的工人，还有马不停蹄、四处奔走的快递员，哪一个不比你勤奋，不比你努力呢？我的父母也都是普通的农民出身，作为村里面有名的"劳动模范"，他们比任何人都要努力，每天早出晚归，就是为了多赚一点儿钱，让我们有学可上。

只是当有机会接触到更大的世界，我在心底告诉自己：绝对不要复制我父母那一辈的辛苦，可以辛苦，但不能没有价值、没有结果。

二、抓住时代红利，崛起的普通个体

那么，普通人该如何利用抓住时代红利，改变自己的人生呢？

300万册畅销书作家作者古典曾得出一个结论：

"如果你研究过《福布斯》全球富豪排行榜上的华人富豪生涯案例，你会发现他们有三个共同点：首先，他们足够努力、勤奋；其次，他们在 26～35 岁开始创业，这个时间段，正好是社会积累足够，家庭负担又还不太重的时期；最重要的是，他们都遇到并抓住了一个空前的时代上升机遇，从而最大化地放大了自己的努力和天赋。"

没有个人的成功，只有时代的胜利。 没有一个人仅凭个人天赋、努力，就能获得巨大的成功；想要获得跃迁式的上升，你就必须抓住时代的红利，放大个体的努力。

在"沪漂"的这三四年里，我亲眼见证过太多普通人如何抓住时代的红利，迅速地放大个体的力量。

比如，我曾服务过的前东家喜马拉雅上有一位知名主播叫"有声的紫襟"，他原本是一位大学都没能顺利毕业的"90 后"，因为发现自己声音的优势，转型成为一名网络的演播者，不到 6 年的时间，就坐拥平台 1 500 万的粉丝，月入百万，还入选了 2019 年福布斯中国 30 岁以下精英榜。

我曾结识过一位旅行博主"房琪 kiki"，1993 年出生的她，放弃了央视外景主持的工作，用两年的时间，通过短视频收获全网"1 000 万 +"粉丝，赚到人生的第一桶金。

甚至还有一些极端的例子，主播"幻樱空" 14 岁辍学，开了 8 年挖掘机，却用了一年不到时间，成功转变，实现收入和粉丝双双破百万。

当然，也只是因为我刚好从事互联网工作，所看到在这个行业里，像你我这样普通的年轻人，即便出身普通，起点不够好，只要他们聪明地勤奋，抓住时代的趋势，就能科学地改变自己的命运。

借用吴晓波老师的四个字：水大鱼大。

鱼的一生的成长有赖于自我奋斗，同时也要考虑水流的变化，才能成为一条因水而大的鱼。

相比历史上的其他时刻，这个时代给了我们很多的机会，让我们可以尽情地去追逐自己的梦想，任何人都有机会成为那个想成为的人，关键就看你是否抓得住机遇。

这个时代，关于成功有很多种说法，我认为最真实的说法：**我们只是幸运地站在时代的电梯里，靠着努力按到向上的按钮。**

三、真正做成事的人，大多心怀热爱，专注又能吃苦

雷军有一句话被很多人疯传，"站在风口上，猪都会飞起来"，但真正站在风口，能成功飞起来的"猪"，却少之又少。

所有的热点和风口，都是给那些具备"人和"综合实力的人。

比如，前面提到的知名主播"有声的紫襟"，他在大学意识到自己声音的天赋，就发了疯地开始听前辈演播的作品，下了课就奔向校外的出租屋录音，甚至为了播音而放弃所学的专业课，以至于最后只拿到一张肄业证书。

即便多年的努力，小有名气以后，他日常生活就是待在百十平方米的家里，录音、吃饭、睡觉、挑选故事，每天为了完成三个小时的故事，需要嗓子连续工作6个小时以上，一年365天，一做就是7年的时间，从没有因为个人的原因，停更、断更过任何一个故事。

旅行博主"房琪kiki"，在2年的短视频拍摄生涯中，去了188座城市，最夸张的是一天去了4个城市，硬盘里存储了10个TB以上的素材，遭遇过沙尘暴、迷路、严重缺氧等，真正践行了她的人生格言"我叫房琪，不放弃"。

主播"幻樱空"，在追逐有声主播的梦想之前，他白天打工，晚上练播音，每天只睡3个小时，才换来命运的改变。

我们不得不承认：**真正做成事的人，大多心怀热爱，专注又能吃苦。**至少易地而处，我目前还远远做不到他们这种极致专注的程度。

很多人以为，选择大于努力的意思是只要抓住红利，选对了路，就可以躺着成为人生赢家。

这是典型的非黑即白思维，选择很重要，努力同样重要。**我们不仅要活在自己的选择题里，还要努力地把它变成一道实践题。**

《人生算法》的作者老喻曾提出了一个"半径算法"：

即在纸上画三个同心圆，最里面的圆对应的是"行动半径"，中间的圆对应的是"能力半径"，最外面的圆对应"认知半径"。在此之外都是未知世界。

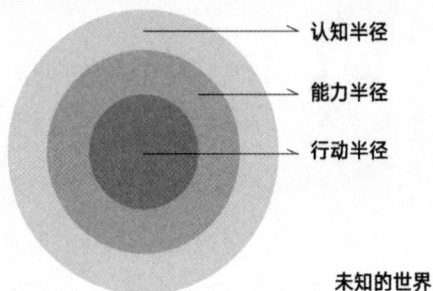

半径算法

认知半径

能力半径

行动半径

未知的世界

作为普通人，我们能做的就是努力扩大认知半径，明确自己的能力半径，同时又要缩小行动半径。

第一，扩大认知半径

这个世界很大，时代的发展也很快，"读万卷书，行万里路，阅人无数"，我们都必须要积极拓展自我的认知半径，否则一不小心就会被高速迭代的世界抛弃。

第二，明确能力半径

有一句话是这么说的，"你取胜的唯一途径，就是知道自己擅长什么，不擅长什么，并坚持做你擅长的事情"。

能力半径，就是能力圈的概念，是一个人能力所及的领域。

如【定位篇】中讲到的，你必须认识自我，专注自己的目标，找到自己的核心优势，知道自己的能力圈有多大，然后待在里面。

第三，缩小行动半径

想要实现规模复制，就要做少而简单的动作，进而在资本、人力、技术、时间、空间、文化甚至梦想层面实现大面积复制。

比如，前面提到的主播"有声的紫襟"，他的日常生活极其简单，每天就是选书、录音、上传，形成一套可大量复制的标准化流程，数年如一日，才换来平台千万粉丝的成绩。

我非常喜欢老喻在其所著书中的一句话，**与其假装努力，盲目追逐所有机会，不如把时间和资源花在那些不变的事物上。**

是的，与其追着风口跑，最终一事无成，不如把时间和资源专注在长期持续积累可以产生结果的事情上。

没办法，这个时代正在颠覆所有人的生活，你可以抱怨它，但抱怨不是办法，不是时代的问题，而是因为人类发展趋势是无法阻挡的。

最后，我们不妨重温狄更斯在《双城记》开头中所说的那段话，来总结这个大转折的时代：

这是最好的时代，这是最坏的时代，这是智慧的时代，这是愚蠢的时代；这是信仰的时期，这是怀疑的时期；这是光明的季节，这是黑暗的季节；这是希望之春，这是失望之冬；人们面前有着各样事物，人们面前一无所有；人们正在直登天堂；人们正在直下地狱。

¤ 精华回顾 ¤

1.“点线面体”模型：我们每个人是一个点，所处的公司是线，公司所处行业是面，行业分布的时代是体。当你要做选择时，不能只看一个点，还要看这个点依附在哪条线上，哪个面上，以及附着在哪个体上？

2. 用半径算法找准人生定位：

第一，扩大认知半径，积极拓展自身的认知半径，否则容易被高速迭代的世界抛弃。

第二，明确能力半径，你要认知自我，知道自己的能力圈有多大，然后待在里面。

第三，缩小行动半径，做少而简单的工作，进而在资本、人力、技术、时间、空间、文化甚至梦想层面实现大面积复制。

没有正确的金钱观，你根本养不起梦想

有人说，爱上三毛，也就爱上了浪漫和流浪。

三毛，是我年少时很喜欢的一位作家，我跟随着她的文字去到了不同的国家，西班牙，摩洛哥，意大利……她为一个当年困在课桌上、自卑的农村女孩，第一次打开了视野，原来世界很大、很美好，生活要真挚要热爱，哪怕只是透过玻璃球，也能看见彩色的世界。

她也塑造了我最初关于女性独立的思想，不断地提醒着我，想爱就去爱吧，想要什么就努力争取吧。以至于我后来多次面临胆怯和退缩的困境时，都是她文字里的一股力量支撑我义无反顾、一往无前。

大概是从小就受到三毛的影响，我在上大学以后，就通过穷游、打工换宿等各种方式，走过小半个中国，一直在追逐内心的自由，做自己想做的事情，去感受生命，去感受世界。

作为文艺女青年，那时候的我，丝毫没有任何金钱观，钱对我的意义，就是可以过得更好一点，进食堂可以多加个菜，去旅行可以住好一点儿的青旅。

直到毕业第一年，拿着几千元的工资时，我才发现，在父母生病的时候，你要为医疗费发愁；想抽时间去学习进修，却囊中羞涩；想去的诗和远方，也因为钱只能将就眼前的苟且。

理想很丰满，现实却很骨感。那是我第一次意识到，**金钱是了不起的，它意味着力量，意味着自由**。它不是纸醉金迷的工具，而是一个人在这个世界上走一遭，获得最大量自由的基础保证，**星辰大海都需要门票，诗和远方的路费也都很贵**。

被誉为"欧洲巴菲特"的博多·舍费尔在《财务自由之路》中说，每个人都应该实现自己的财富梦想，**你的财务状况，应该成为一个你不怕任何阻碍的证明。**想要获得真正的自由，你要分三个阶段：财务保障、财务安全、财务自由，解决眼前的苟且，奔向心中的星辰大海。

一、第一个阶段：财务保障

在消费主义盛行的时代，到处都在鼓吹买买买，网上诞生了一个新的名词，叫作"精致穷"，专门指这一代年轻人，无论月薪几千元还是月薪几万元，穷得明明白白，活得精致闪亮——收入不高，但特别爱买LV；还没毕业，大牌化妆品就从不离手；刚入职场，从头到脚都是高配，买最新款的手机，囤最新色号的口红。

殊不知，所谓的精致穷，就是真正贫穷的陷阱，它跟《贫穷的本质》一书中描述的里那个小镇上的人们永远无法富裕的故事没有太大区别。这里的居民没钱少花，有钱多花，就算别人再扶贫，他们也永远有更高的欲望需要满足。于是，他们永远无法完成原始积累，让资本真正意义上成为正循环的生产资料。

这就跟现在大部分"月光族"年轻人一样，每个月挣多少花多少，不重视金钱，也不了解存钱、理财的重要性。

直到有一天，你忍受不了上司，愤而离职；出现意外事故，需要躺在医院几个月；家里人遇到事故，急需用钱，才发现手里的钱根本支撑不了多久。

成年人的底气，都是钱给的。想要实现人生突围，你就必须学会存钱，实现第一步计划财务保障，即尽管遭遇突如其来的经济变故，你还是能依靠积蓄继续保障自己的生活。至于需要多少个月的财务保障，取决于你的保障需求和你的乐观程度。

我当初之所以在毕业第一年不敢辞职，只能利用业余时间备考研究生。第二年又敢从国企离职，就是期间工资和稿费积累起一定的财务保障，这些钱足够支撑我6～12个月的生活，让我有勇气和资本迈出那一步，辞职在家备考。

为实现这个阶段的目标，你必须降低自己的物质欲望，在每个月发了薪水之后，就把10%～15%的薪水强制储蓄起来。千万别小瞧每个月攒下来的千八百块钱，当你每个月的开支越少，结余越多，越能更快地实现自己的财务保障计划，越有底气支持梦想走得更远一些。

正确的金钱观，就是能存下钱，让钱为你的梦想和未来的生活服务。

二、第二个阶段：财务安全

《小狗钱钱》提到一只金鹅的故事，**假如你总是花光你的钱，那你就永远也得不到你的鹅，你就总要为赚钱而工作，而一旦有了一只鹅，钱就会自动为你工作了。**

鹅代表的你的钱，如果你存钱，储蓄下来的钱就会得到利息，利息相当于金蛋，**财务安全就是当你积累足够多的本金，当未来的某一天，你的利息超过你的日常支出，你就可以靠利息生活。**

三年前，为了心中的作家梦，选择辞职"沪漂"。可到了上海这座偌大的城市，才发现现实残酷得就像一台梦想搅碎机一样，把有梦想的年轻人撕得破碎不堪。当生活都要费劲的时候，哪还有力气谈论诗和远方。

直到一次偶然的机会，我接触到一个现金流游戏，游戏根据现实中的金钱运行规律，告诉我们金钱到底怎么流动：

有钱人努力积累资产，让资产生钱，成为金钱的主人，而普通人和中产阶层只是为钱工作，好好学习，找个好工作，买个房子还房贷，再买个车子上下班，最多是有钱了再买个房子继续还房贷，永远都在被恐惧和贪婪的感觉操控，始终处于"老鼠赛道"。

想要跳出"老鼠赛道"，你就需要学会不断购买资产，以创造现金流。

于是，这三年里，我努力赚钱、攒钱，总算养了一只会生金蛋的"鹅"。现在它产生的利息，已经可以轻松帮我覆盖掉日常的生活支出。这时候，我才敢从 996 的工作中离职，不需要再为了生活必需，主动出售自己的时间。而是全身心闭关在家写作，充分开发自己真正的潜能。

现实生活里，大多数人不去从事自己感兴趣的职业，主要原因就是缺钱。这令人感到惋惜，也是一种才能的浪费，不能按照自己的意愿活着，顶多只能叫作生存。

当一个人拥有金钱，就能防止金钱成为生活中太过重要的事物，获得一种安全感和自信。金钱使你拥有自由的生活，你可以做自己感兴趣的事情，你可以做符合自己天赋的事情，你可以做对别人有帮助的事情。

一个人也只有在做自己喜欢的事情时，才会真正感到幸福，才能开发出更大的潜能。

正确的金钱观，就是要懂得打理和管理好你的财务状况，使它服务于你，而非给你带来麻烦。

三、第三个阶段：财务自由

财务的最高目标就是实现财务自由，你要清楚过上你想要的优质生活需要多少金钱，从而知道如何实现你梦想的生活方式，你的"金鹅"必须养到多大。作者教我们要勇敢写出梦想清单，敢于向世界下订单。

首先，你要先列出所有的梦想清单。先不用思考这些愿望是否能够实现，只要是你想要的即可。

其次，列完梦想清单之后，在每一条愿望后面写上大概的置办金额。

但请记住，永远不能动用你的"鹅"资金，而是要计算每件置办物的月付额是多少。

当你清楚了满足你所有愿望所需的金额，就可以思考如何以最优方式投资你的金钱，以实现你的目标。

比如，我有一个愿望是希望 30 岁之后，能去国外留学，增加人生阅历。想要实现这个梦想，意味着我至少需要每个月有稳定的 10 万元的现金流。反过来倒推，按照当前理财方式，我就知道自己需要把"鹅"养到多大，才能完成这个愿望。

阿基米德说，给我一个支点，我就可以撬动地球。想要实现财务自由，你就要懂得**利用金融撬动人生的杠杆**。

如果你认真学习过金融的相关知识，就会发现，一模一样的原始财富，选择了不同的理财产品，可能会完全改写你未来的财富格局。10 年前的积蓄，你选择买腾讯或者是中石油的股票，还是选择买房子或者存进银行，10 年之后，你的生活会因为这些选择变得迥然不同。

只是大多数人都在使用生命中的大部分时间在赚钱，而不是规划一个值得拥有的人生。以终为始，站在时代和世界的视野格局上，学会使用金融杠杆，从而撬动你想要的人生。

海因茨·科纳在《约翰尼斯》有一句话："每个人在其内心深处都会有这种希望：离开沼泽，生活在阳光之下。然而，对阳光、对自由，以及对自由的恐惧，使得我们坚守在自己习以为常的环境中。"

离开沼泽最好的办法，就是为你的才华和能力承担责任，真正地将自己的梦想付诸实践。

金钱不是万能的，但人生的大部分困扰，大多源于金钱的匮乏或处置不当。**正确的金钱观，从来就不是拥有金钱本身，而是用金钱可以帮你实现人生的梦想和目标。**

如果将人的一生比作一场游戏，有人玩的是有限游戏，目的在于赢，有明确的终点、规则和边界；有人进行的则是无限游戏，是对知识的追求，对智慧的渴望，对美的向往，对自我的觉知与探索，对他人的帮助。

我追求的人生是一场无限游戏，希望能痛快地活一场，学会树立正确的金钱观，不是因为爱钱，而是喜欢的东西很贵，想去的地方很远，喜欢的人很优秀，**我想要的人生，只有我自己给得起。**

婚姻是人生最重要的投资

金 句

面对婚姻这个人生最重要的投资，嫁对了是你的，娶错了也只能是你的。

——胃窦

相信每个女孩十几岁时，都有过紫霞仙子那样的憧憬：**我的意中人是一位盖世英雄，有一天他会身披金甲圣衣、驾着七彩祥云来娶我。**

大学毕业，二十几岁，尤其是 25 岁以后，面对社会、家人的压力，单身的人就会被"结婚"绑架了，逐渐放弃自己的坚持和原则，对现实做出妥协。

殊不知，婚姻是人生最大风险的投资。

正如巴菲特所说，你人生最重要的决定，是跟什么人结婚。在选择伴侣这件事情上，如果你做错了，将让你损失很多。而且这个损失，不仅仅是金钱上的。

一、人生最重要的不是投资，而是与谁结婚

随着年龄的逐渐增长，越发觉得，婚姻不仅对女性来说，相当于"二次投胎"。对于男性也是同样重要，"每一个成功的男人，背后都有一个伟大的女人"。

现在的年轻人对于婚姻，大多过于随便，过于草率。他们宁愿花上百万元去准备一套婚房，却没有意识到选择一个正确的人成为下半辈子的伴侣，远比买一个房子重要得多。

人生最重要的不是投资，而是与谁结婚。和对的人结婚，它可能带来美满婚姻的幸福的收益，赢的不仅是感情，还有婚后数十年的幸福与快乐。遇到错的人，它也会带来不幸婚姻的痛苦的亏损，蹉跎半生去经历婚姻的痛苦，更有甚者，惶惶不敢脱离失败的婚姻。

面对婚姻这个人生最重要的投资，**嫁对了是你的，娶错了也只能是你的**。

因为那都是你的决策，**你是在用自己的一生做赌注，在做这一场投资**。投资得当，你的人生也会随之达到高峰。一旦你投资不幸失败，它将会让你损失很多，而且这种损失不仅仅是金钱上的。

二十几岁，在婚姻的选择上，你要比选择工作更加积极慎重。

二、做好婚姻投资的三个原则

婚姻，是一个很奇妙的东西，体现了世界的随机性，它和投资学一样，更像是一门艺术而非科学。

所谓的"科学"，就是可控试验可以开展，既往结果是可以被放心复制的，因果关系是可靠存在的。但婚姻没办法被科学计算和程序化。

基于一个人过往二三十年的认知和经验，想要做好人生这一笔最重要的投资，并不是一件容易的事情。借鉴投资学上的三个原则，至少能让你做出还算不错的决策。

1. 自身有足够实力

如果你也做过一些类似基金之类的投资，就会发现，一些势单力薄的散户往往最容易被割韭菜。

有专业的投资者研究其原因，看似被割韭菜的表象是缺乏耐心，实际上是缺乏实力。

在投资学上的实力，是指长期稳定的低成本现金流。婚姻上的实力，就如莉尔·朗兹在《如何让你爱的人爱上你》一书里，把婚姻比作是一场等价交换，即在婚恋市场上，每个人都有自己的身价。这里身价指的不仅仅是经济，还包括学历、相貌、性格、人品等。

芒格说：“如何找到一个好的配偶呢？**最佳的办法是让自己配得上拥有一个好配偶。因为优秀的配偶可不是傻瓜**”。

很多人往往因为生活的不如意，工作的不顺心，于是把人生的重点寄托在另一个人身上，希望遇到一个人能拉自己一把，可当步入婚姻之后才会发现，你单身时遇到的困境，绝对不是靠一纸婚约就有药可解。

社会学家查尔斯·韦斯托夫曾提过这样一个理论：女性在经济上越独立，婚姻对她的受困就越小。

这也是为什么越是大城市，有越多的女性，即便到了三十几岁都不结婚的原因。从我身边一些单身女性朋友来看，她们无一例外都是实现了一定程度的经济独立。

人在越低微时越是被动，被动到即便自己不喜欢，可还是要这样去做，因为你别无选择。

只有当你不需要依靠别人，就能使生活步入正轨，自带创造幸福的能力，不需要取悦和依赖别人。那么婚姻于你而言，是锦上添花，而不是雪中送炭。

其次，对于女性来说，最重要的是持续的情绪稳定，良性的财务状况，可控的生活节奏，理性的消费观念，而不是天天纠结于某个人爱不爱你。

只有这样，你才能拥有更多的选择权，不需要为应付生活，迎合别人，而将就地选择和一个人结婚。

这也是为什么这 10 年来，在遇到那个对的人之前，我会选择在学业、事业上不断地努力，马不停蹄地让自己变得强大。

这里的"强"不是变得强势，而是提升自己的学识、涵养、社交等各个方面的能力，以至于在面对问题时，能用知识和智慧去解决，而不是像怨妇一样哭闹、谩骂……

一切高质量的交往都取决于交往者本身的质量，想要遇到美好的感情，取决于相遇前你们各自走过的路，读过的书，见过的风景，思考过的人生。只有两个人的品质越相当，越有可能走进婚姻，婚姻也才会越长久。

我始终相信，好的婚姻和感情，不是你负责赚钱养家，我负责貌美如花。而是我们两个人势均力敌，你很好，但我也不差。

2. 选择优质的投资标的

在投资学上有一个重要的原则，想要长期持有，就是要筛选出值得长期持有的优质投资标的，侧重关注的是其未来发展潜力，而不只是当前的价值属性。

一个女儿问父亲，"对你无微不至的男人为什么不能嫁"？

父亲回答："孩子，你要明白，最佳的配偶应该是你人生战场上的盟友，而不是找个人满足你的懒惰和巨婴。其实男人给你倒杯热水，半夜起床给你买烧烤等，这都不是稀缺能力。"

在巴菲特写的《给儿女一生的忠告》里，提到一个人**真正的稀缺资源，是对方的谈吐、知识面、商业视野，控制局面的能力和稳定的情绪**……

很多时候，人在恋爱时都很容易天花乱坠地跟你描绘一个美好的未来，但一个人最终能否对你好，还要看对方有没有这个能力。

这里的能力，不是指是对方现在的经济实力，那是存量，很快就会花完了。重要的是看对方是否是一只潜力股，有多少创造未来的能力。

尤其是女生，千万别轻信"和谁结婚都一样"的鬼话。和什么样的对象结婚，很大程度上已经决定你的赢面有多大，你能获得多少幸福。

我们在选择结婚对象的时候，其实更应该关注"真正的稀缺资源"——**比如品行、三观、上进心、经济能力、情绪的稳定、对美的理解、价值感来源、对事业与生活的理解方式、你的家庭在他心中的重要性**……

这些东西才是一个人最稀缺的资源，因为要培养和造就这些品质，它的背后是家庭教养、读书、求学、历练和自我完善等各方面因素的影响，这都需要早期高成本的付出才能达成。

我很喜欢电影《怦然心动》里一句触动人心的台词，**我们当中有人平凡，有人浮华于外表，有人万丈光芒，有人一身锈。但不经意间你会遇到一个彩虹般绚丽的人。从此以后，其他人不过是浮云。斯人若彩虹，遇上方知有。**

想要拥有幸福的婚姻，选择跟什么样的人结婚和投资时选择哪一只股票一样重要，你的态度越慎重，越花时间认真去了解对方，犯错的可能性就越小，选到对的另一半的赢面就越大。

3. 耐心等待合适的时机

巴菲特在投资上有一个原则"要有耐心"，就是不要频频换手，直到有好的投资对象才出手。如果没有好的投资对象，那么他宁可按兵不动。

婚姻不同于友情的通用和泛交属性，它具有强烈的排他性，朋友可以有很多，但爱人只能有一个。如果你想要选到对的那个人，**就不能草率，也不能着急，需要耐心等待时机。**

记得看过这样一句话：

一个人最骄傲的不是有多少追求者，而是能被一个人坚定的选择，不管相处多久都不离不弃。

我很喜欢的作家杨绛和钱锺书就是最好的例子。钱锺书对杨绛说，**在遇见你之前，我从未想过结婚；遇见你之后，我从未想过别人。**然后两人顺理成章地恋爱、结婚、生子，厮守终生，笑着走过了一生，成就了中国文学史上的一段佳话。

在今天速食爱情的时代，随便敷衍的喜欢和暧昧满大街都是，真正愿意和你厮守终生、相互磨合的人却很少。

你可以想象某一天，当你遇见跟那个想要携手走过一生的人，你骄傲地把他带到父母面前，指着他说，"爸，我找到了，就是这一个人，我非他不嫁"。

然后幸福地扭过头跟妈妈说，"妈，我告诉过你，我找得到吧"。

那一刻，你昂首挺胸，对未来充满憧憬，好像赢得了全世界，想结婚不是因为年龄大了家人催促，不是对方有房、有车，条件不错。仅仅因为那个人让你知道，双向奔赴的感情有多么美好，他会给你这世间所有的温柔和偏爱，你会给到对方全部的崇拜和自豪。

当然，投资上也有一个重要的原则，**做更坏的打算永远比盲目乐观更靠谱。**

我们这一辈子大概会遇到 2 920 万人，两个人相爱的概率只有 0.000049。在对的时间，遇上对的人，从来就不是一件容易的事情。

所以，我也做好独身的准备，如果这辈子注定遇不到那个对的人，那就继续追求学业和事业，将人生这一场无限游戏进行到底。

婚姻并非人生必需品，爱和自由才是。

我的人生唯一不能妥协的就是和将就的人度过余生。毕竟一辈子太长了，没有喜欢和开心，即便最后结婚了，得到的也不过是一具名为"婚姻"的躯壳。

没有该结婚的年龄，只有该结婚的感情。爱是本能，感情的事，急不来；婚姻的事，也勉强不来。我们都不必为年龄而结婚，不必为父母而结婚，不必为他人的眼光而结婚，也不必要被自己的焦虑担心绑架。

最后，愿我们都能遇见一个不将就的人，从此深情不被辜负。

愿我们的婚姻，是棋逢对手，是势均力敌，是白首不相离。

愿我们一生努力，一生被爱，想要的都能拥有，得不到的都能释怀。

¤ 精华回顾 ¤

做对婚姻投资的三个原则：

（1）自身有足够的实力；

（2）选择优质的投资标的；

（3）耐心等待合适时机。

人生逻辑大于职业逻辑

一次偶然的机会，我结识了一位"90后"金融大佬，他在一家证券投行工作，底薪 50 万元，加上奖金等福利能达到百万元。

但压力一度大到他每天都要熬到凌晨一两点才能入睡，以至于年纪轻轻，他左半边的头顶全秃掉，还被查出了严重的脂肪肝。

我问他："这是你想要的人生吗？"

他笑笑说："没办法，职业选择。"

职业的缘故，我平时喜欢看一些访谈的节目，会关注不同人生的选择逻辑。

经常会看到很多当红明星说自己不敢停下来，比如有连续工作 50 几个小时不睡觉的，30 岁被检查出 50 岁的身体，却不能停工一周去动手术；很多当红女明星怀孕生子，却没等休完产假就复工。

我能理解他们的焦虑，毕竟在这个充满竞争的行业，稍微退下来，就会有千千万万的人顶上去。

同时我心里也会产生疑问，这样只有职业的人生，真的是他们想要的吗？

我从不否认职业对一个人的重要性，但这并不代表**我们这一辈子除了职业和事业以外，就没有其他重要的事情。**

一、以终为始，规划人生逻辑

我们常说以终为始，站在未来，规划今天。那么，人生的逻辑是什么？

有人说，人生是为了赚钱，赚更多的钱。但是有了钱之后做什么？升职加薪、结婚生子、买房买车吗？

而美国华盛顿邮报评选出的十大人间奢侈品，竟然无一与金钱和任何物质有关。

（1）生命的觉悟。

（2）一颗自由，喜悦与充满爱的心。

（3）走遍天下的气魄。

（4）回归自然，有与大自然连接的能力。

（5）安稳而平和的睡眠。

（6）享受真正属于自己的空间与时间。

（7）彼此深爱的灵魂伴侣。

（8）任何时候都有真正懂你的人。

（9）身体健康，内心富有。

（10）能感染并点燃他人的希望。

职业是以赚钱为中心，而人生是以意义和价值为中心。

职业并非人生的全部。一个人死前盘点自己的一生，从来没有人是看他这一生赚了多少钱。**真正厉害的人，不是拥有丰厚的财富，而是活出不可复制的人生。**

想要知道自己的这一生是否能过得有意义，可以尝试参考"趁早"创始人王潇在《五种时间》里阐述的方法：站在未来看今天，通过"追悼会策划表"获得未来视角。

我本来是一个什么样的人？我在家庭中是怎样一个人？我在工作中是怎样的一个人？我一生中最大的收获是什么？我希望自己的墓志铭是什么？我的悼词希望由谁来朗读？

追悼会策划
The Funeral Preparations

生卒年
每一个人都有一个跳脱来到世界的时刻，请到造你消失的时刻。

本份策划你将嘱托给谁？
需要在你可信任的人里，托付一个在今天都能执行这份策划的人。

你希望现场用哪种鲜花装饰？
它的样子，它的颜色，它的芬芳，对你未来会有如何的记忆。

你希望在现场播放哪首背景音乐？
人生像一场漫长电影，那么应该有一首主题曲。

你希望如何处理你的社交账号？
留存于互联网的记忆，那是存在过的痕迹和证明。

你会选择什么方式和重要的人告别？
是写信还是录口讯，还是录制一段视频？在你离开后，等待他们去看，却或是不告别？

邀请名单
一生遇见的亲人、爱人、朋友、同事们，你希望谁来参加你最后的仪式？

追悼会策划
The Funeral Preparations

你的生平
探究你的人生，你希望自己的生平是如何书写的？

是一个

家庭中，

工作中，

一生中，

获得了

我希望我的生平由 _____ 朗读。

墓志铭
请写下你希望刻在墓碑上的墓志铭。

"以终为始"，人一旦有了终局的判断，就会思考今天的"有所为"和"有所不为"。当你用终局判断法与自己对话，你就会知道对你来说长期价值是什么。

只可惜，现实是**大多数人都在用生命中的大多数的时间在赚钱，而不是规划一个值得拥有的生命**。想要收获一个至少让自己满意的人生，你要对人生进行横向和纵向维度的规划。

二、人生逻辑的正确打开方式

1. 横向维度的人生逻辑

我们人生的最终目标并不是职业，而是实现生命中各种各样的目标，职业目标顶多只能算是我们众多人生目标当中重要的一个。

著名职业生涯规划大师舒伯创造性地描绘出一个生涯彩虹图，显示了人生主要的发展阶段：成长期（约相当于儿童期）、探索期（约相当于青春期）、建立期（约相当于成人前期）、维持期（约相当于中年期）及衰退期（约相当于老年期）。

并且指出人在一生当中必须扮演九个主要角色，依次是：子女、学生、休闲者、公民、工作者、夫妻、家长、父母和退休者。

各种角色之间是相互作用的，一个角色的成功，特别是早期角色的成功，将会为其他角色提供良好的基础；反之，某一个角色的失败，也可能导致另一个角色的失败。如果为了某一角色的成功付出太大的代价，也有可能导致其他角色的失败。

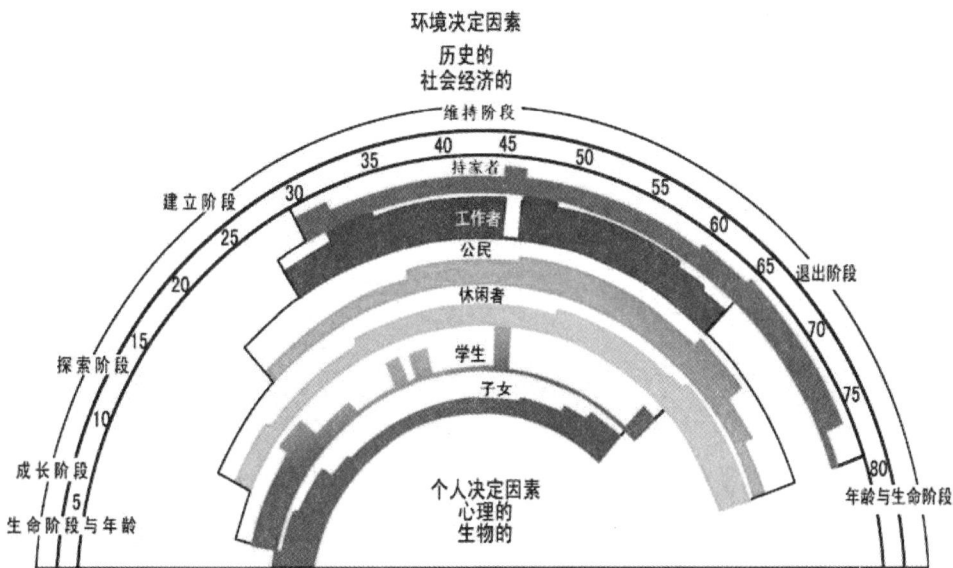

在我看来，横向的人生逻辑应该是什么时间阶段做什么事情。比如二十几岁，要做加法，大胆去做离梦想最接近的事情，努力去拓宽人生的边界，探索未知的领域，完善自己的底层逻辑。到了 30 岁，就要做减法，无效的社交、无法企及的梦想都需要减少，把更多的时间和精力投入事业和家庭。

否则，20 岁的恐惧，造就了 30 岁的无奈。30 岁的无奈，导致了 40 岁的无为。40 岁的无为，奠定了 50 岁的失败。50 岁的失败，酿造了一辈子的碌碌无为。

我们从小的教育一直都是，"好好读书，将来才能找一个好工作""好好工作，将来才能买车买房"，以至于大多数人大半辈子的焦点都集中在"职业逻辑"上——金榜题名，升职加薪，买车买房，忽略了人生的其他重要事情。

我很欣赏《奇葩说》的一位辩手陈铭，他对自己的人生逻辑就非常清楚，"我必须得承认，无论是那些节目也好，舞台、灯光和聚光灯也好，很多时候会让你对自己价值实际能力的判断，高过你的真实水准"。

相比辩论场上、舞台上巧舌如簧的辩手，他说自己更享受回到高校当一名老师，没有商业互吹，更多的是学生课上的提问，学校里的下课铃，老婆打来的电话等真实生活的模样。

这也是为什么普通人虽然财富积累不多，但他们很快乐，活得很充实，比很多永远只为工作在忙碌的明星幸福的原因。

狄更斯说，**一个健全的心态，比一百种智慧更有力量**。

以前我会认为，一个人能赚多少钱，是由他的认知决定的。但现在，我对**人生重要性**的排序：**心智＞认知＞能力**。

你只有内心坚定，做好一生不同阶段选择的智慧，才能让生命轨迹做到自洽，不随波逐流，也不怕与众不同，不焦虑、不跟风、不迷茫，能坚定选择自己想要的，用自己喜欢的方式过一生。

2．纵向维度的人生逻辑

读书—毕业—找工作—升职加薪—退休，这种人生轨迹实在过于单一。而人生的本质从来不是为了赚钱和躺平，毕竟在这短暂的人生里，还有那么多有趣的事情，那么多没有尝试的经历，那么多未解锁的技能呢，那么五彩斑斓的世界等着我们去探索。

每个人都有个性化的生活目标，对于"幸福美好"的定义也是千人千面，各有不同。横向的人生逻辑，是随着时间推移，人的身份和角色发生转变；纵向的人生逻辑，则是如何做好当下的规划，去收获幸福的人生。

首先，你拿出一张 A4 白纸，用笔在上面画一个简单的九宫格，最好稍微画大一点，将你的人生分成三个维度：

根基层：身心健康、财务管理、人际社群。

平衡层：工作事业、家庭生活。

享受层：学习成长、体验突破、休闲娱乐。

每个格子里，你可以参考图中的问题，填写下你的答案。比如，在工作事业这一栏里，你可以问自己三个问题：

（1）我当前有哪些学习任务？

（2）我的学习习惯怎么样？

（3）基于未来的目标，我还需要学习什么？

幸福九宫格

学习成长	体验突破	休闲娱乐
1. 我当前有哪些学习任务？ 2. 我的学习习惯怎么样？ 3. 基于未来的目标，我还需要学习什么？	1. 有哪些事情曾让我留有遗憾？ 2. 有什么事是我未来一定要去体验的？	1. 你有哪些兴趣爱好？ 2. 它们能为你带来哪些价值？ 3. 哪些兴趣有可能转换为职业？
工作事业		**家庭生活**
1. 我的理想职业是什么？ 2. 具体有哪些职业要求？ 3. 我需要为此做哪些准备？	我	1. 我和家人的关系怎么样？ 2. 未来，我期待的家庭生活是怎样的？ 3. 我如何看待家庭环境对个人发展的影响？
身心健康	**财务管理**	**人际社群**
1. 我是否有锻炼身体的习惯？ 2. 我是怎样调整自己的情绪？ 3. 怎样让自己保持良好的身心状态？	1. 我当前的财务状况如何？ 2. 我的理财能力如何？ 3. 财富在我未来的发展中有什么样的意义？	1. 有哪些人是我的"命友"？ 2. 我的人际交往能力如何？ 3. 我还需要在哪些方面进行提高？

在对每一栏都进行深度思考之后，当你把答案填到表格中，就会对自己的人生有一个更全面、更清晰的认知，学会把时间和精力优先投入到更重要、更有意义的事情上。

在画九宫格的过程中，有两点需要提醒你注意：

（1）**目标要符合 SMART 原则。**比如，你想在财务管理中提高理财能力，这样写还是很模糊的。你可以细化成提高财商思维和熟练运用金融工具两个方面，确定具体的目标之后，你可以参考【目标管理】里的 OKR 的方法论，比如每个月阅读一本金融类书籍，使用债券货币、基金等理财工具。

（2）**给你的目标进行重要性排序。**一张九宫格就能把你人生中重要的事情都罗列出来，但精力有限，不同的人生阶段，每一项投入的时间可以参考生涯彩虹图，有所侧重。

加缪写过一本被无数人奉为"人生之书"的佳作《西西弗神话》，讲述希腊神话中的西西弗，因激怒了诸神而受到惩罚，日复一日地推动巨石上山，每当快要接近山顶的时候，巨石又会重新滚落山底。于是，他不断重复，永无止境地在重复这件事情。

其实，我们又何尝不是西西弗呢？山顶是我们一次次立下的人生目标，金榜题名、升职加薪、结婚买房，每一次都以为到达顶点。但到达后才发现仍然有下一个山顶，它可能是学历、房贷、工作等，需要我们继续推动着石头负重前行。

人生最有意义的地方，就在于它没有意义，我们都在努力赋予它的意义，就像西西弗"推石上山"，这一场搏斗本身就足以激动人心。这些石头虽然沉重，但甘之如饴。因为有了它们，我们的人生才有了重量。

同时，假如人生是一场概率游戏，最大的冒险，就是在不牢靠的底层逻辑上做选择。在面对人生这永远做不完的选择题，你一连串的决策决定了最终结局：

我是否该抛下一切去创业？

我是该去三线城市谋一份体制内的工作，还是要去一线城市打工？

我要不要为了孩子教育卖掉大房子，换一套小的学区房？

这些决策的背后，都是你的人生逻辑在帮你做选择，这也是为什么大多数人穷其一生，不管多么聪明，多么勤奋，终究一无所获，而有些人看起来平平无奇，但能够超越出身和局限，最终取得成功。

秘密就在于，**那些收获财富、健康、幸福的人生赢家，掌握了正确的人生逻辑，找到自己活着的意义。**

我很喜欢《半山文集》里的一句话，**一个人若是能养活自己，就该挪出时间，主动找点儿美好的事情做做。美好，是让生活与生命发生链接的正确方式。哪怕只是在晴朗的夜晚抬头仰望一下星空，也足以让命运摆脱平庸。**

这个世界没有谁比谁更成功，你的成功衡量标准只有一个，就是按照自己喜欢的方式去度过人生。

170

¤ 精华回顾 ¤

1. 生涯彩虹图：著名职业生涯规划大师舒伯，依照年龄和每个人生与职业发展阶段，将生涯发展阶段划分为成长期、探索期、建立期、维持期及衰退期，并且指出人在一生中必须扮演的9个主要角色，依次是：子女、学生、休闲者、公民、工作者、夫妻、家长、父母和退休者。它们相互影响交织出个人独特的生涯类型。

2. 平衡人生九宫格：帮助人们通过梳理未来的愿景，围绕身心健康、财务管理、人际社群、工作事业、家庭生活、学习成长、体验突破、休闲娱乐八个方面，来设定目标，并让人通过图文形式来检测自己的目标是否平衡。

工具篇

作为高等生物，人类天然会制造并使用工具为我们服务。

同样的，在互联网时代，成长有方法论可循，也有工具可利用。

"工欲善其事，必先利其器。"使用外挂大脑帮你进行知识管理，使用正确知识输入法，让你充满"洞见"，使用 OKR 进行目标管理，使用复盘让三年成长顶十年，万事万物皆可清单，避免无能之错。

每一样工具都有其专门的用途，而每一步成长都可以借助专门的工具。利用好这些成长工具，让你的成长达到别人插上火箭也追不上的速度。

知识管理：大脑不是用来记忆，而是用来思考

金句

"好记性不如烂笔头"，我们的大脑不是用来记忆，而是用来思考。

——胃窦

你肯定有过这样的经历，一句话明明脑海里有印象，但到了嘴边，支支吾吾半天，就是说不出来。

特别是在现在信息过量的时代，获取知识的成本越来越低，我们每天接收大量的信息，学习到的知识都是碎片化的。如果没有形成完整的个人知识体系，你看似看了几个流行的专业名词，看到几篇不错的干货文感觉"内容不错，收藏了"，然后就没有然后了……

其实，我们的大脑是一个有缺陷的学习器。它就像是一个很容易被满足感欺骗的小孩，看到过某些内容，就自以为掌握了，但这种学习只能停留在表面，一旦要用的时候，基本上还是什么都不会。

另外，我们的大脑还是一个忘性超大的不靠谱存储体，和我们用过的 U 盘、SD 卡等不一样，大脑的记忆就像用水在纸上写字，随着时间的推移，字迹很快就干了、没了。也就意味着学了又忘了的现象是常态。

很多时候，我们不停买课、囤课，以为能缓解知识焦虑，最后却是让焦虑更加严重，也在不知不觉中陷入**低效勤奋**。

如何摆脱低效勤奋，真正学到知识，提升能力呢？**答案是：构建自己的知识体系，并用外挂大脑进行知识管理。**

一、大脑不是用来记忆，而是用来思考

德鲁克在《卓有成效的管理者》一书中，重新对"管理者"下定义——**每一个知识工作者都是管理者**。而管理者必须要做到有效地管理自己，管理时间，追求工作效益。

作为一个知识工作者，我的日常主要工作和学习都是在处理各种各样的信息和知识，比如查资料、面对面采访、阅读、学习各式各样的课程，如果不经过处理和刻意管理，读过的书，整理过的资料，写过的读书笔记，一不小心被信息的洪流淹没，相当于没有掌握。

一个人知识体系的水平，决定了他的认知水平。我们在【学习篇】已经分享过如何搭建一个学科的知识体系，但除了单门学科需要搭建知识体系，你大脑里所有的知识也需要搭建一个系统、全面的知识体系。

知识有显性和隐性之分。所谓的隐性知识，是指存储在你大脑中的知识。显性知识，则是指存储在大脑外部工具中的知识，如书报、笔记、硬盘、互联网。

"好记性不如烂笔头"，我们的大脑更擅长思考，而不是记忆。所以，你需要一个知识管理系统，帮你把隐性知识转化为显性知识，帮助你管理所有资料、文件、信息、知识。

这个时代，我们的工作不再是掌握信息的多少，而在于处理信息的能力、效率和效益。

当你构建起一个知识管理系统，就相当于让你拥有一个外挂大脑，你就能有条理地管理手头上的信息，解除大脑的负担。而且这个外挂大脑越可靠，你的大脑就会越信任它，你就可以腾出精力，腾出时间，去做思考的工作。搞定了知识管理，你的工作和学习都会变得高效起来。

二、构建自己的外挂大脑

所谓的知识管理，是通过**获取、创造、分享、整合、记录、存取、更新**等过程，使大脑的信息与知识不断创新，使个人具备更强的竞争实力，并做出更好决策的手段和过程。

印象笔记、石墨、有道云笔记等，都是很好用的外挂大脑工具，无须太多关于到底使用哪个平台的纠结，适合自己习惯的就是最好的。

我个人使用的是"语雀"建立的知识管理分类，界面简洁，随时调用，有阿里强大的服务器支撑，笔记可以随时保存，支持各种格式的文件，非常适合做知识管理库。

找到外挂大脑的工具，接下来就是打造知识库。**想要打造一个系统的知识管理体系，要以框架为中心，以信息为基础，以认知升级为目标，实现知识的有效利用，以便自己在最恰当的时间，能够做出最恰当的决策。**

1. 知识管理框架

首先，你要清楚地构建出自己原有知识和经验的框架体系，它就相当于一个房子的框架。

当你把知识框架搭建起来，之后在学习新知识时，只需对原有框架加以增补和修正知识体系即可。新知识有对应的位置，就增添到相应的位置。如果实在没有合适的对应位置，就要对知识管理分类进行调整，对学习材料进行调整，让新旧材料可以更好地融为一体。

学习的过程是不断积累、修补的过程，"进一寸有进一寸的欢喜"，时间越长，要学的新知识会越来越少，让你的感觉就是越学越快。

我的知识库框架，参考了曾采访过的畅销书作家张萌人生效率体系模式（见下图），按照大脑处理信息的模式，分为三大模块：知识输入、自我管理、思维输出。接着，再对每个模块再进行第二层次的划分。

人生效率体系

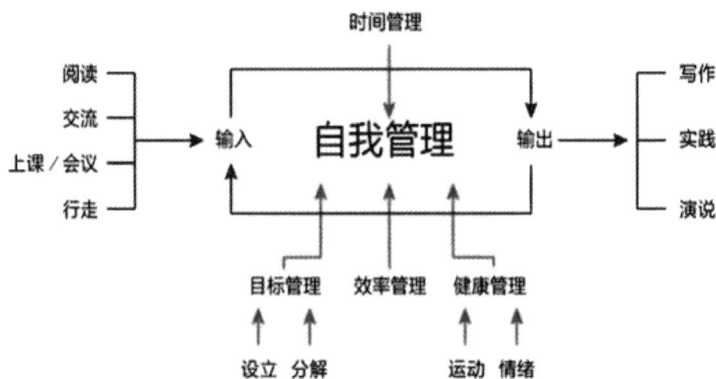

比如，在**知识输入**模块上，按照一个人最常见的知识输入的方式，有四个组成部分：第一是阅读，通过阅读前人的智慧，提升自我；第二是以人为师，向高手学习；第三是行业会议和培训班，通过系统性的知识理论学习，具体提升某方面的能力；第四是行走的力量，通过行走这种考察和体验式学习，补充完善认知。

在**思维输出**模块，主要由三块内容组成，第一是写作，包括记录日常的写作输出；第二是演讲，去传达自己的观点和主张；第三是实践，把学到的理论知识，转化成实际生产力。

在**自我管理**模块，我采用的是项目划分模式，比如形象管理、人际关系管理、理财投资等重要长期项目制模式，后续也能根据生活实践适时进行增减。

个人知识库框架质量的高低，直接决定了我们对这个世界认知水平的高与低，决定了你学习做事的效率和效果。

当然，**每个人的背景不同、学习目的不同**，最终形成的知识库框架也不同。你也可以根据自己的知识结构，设计专属自己的知识体系框架。

2．知识管理的内容

房子框架搭好了，后续就是添砖加瓦的工作。知识管理，简单来说，就是通过对外部信息进行加工，提高你改变认知或行动的速度。

我们可以将知识管理分为三个维度。

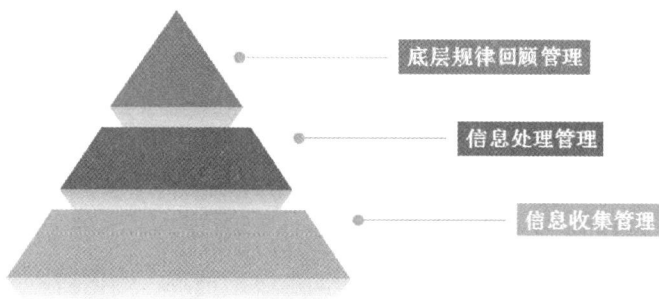

（金字塔图，从上到下：底层规律回顾管理、信息处理管理、信息收集管理）

第一，信息收集管理

在这个维度上，重点关注如何把看到的数据信息保存起来，如何把信息保存记录下来？如何整理文件夹，如何给文件贴标签等。

我的个人习惯，会先把自己日常看到任何有价值的信息，记录在手机里。比如，看到有启发的内容、文章，就直接把这一段话复制出来，用对话框的模式发给自己，无法复制的就直接截图保存，图片直接保存在手机相册里。

当天或隔天对保存的知识进行整理，分门别类地列到自己的知识管理库。

在这个维度，就是识别哪些是对自己有用的知识，对它们进行收集、分类、保存，以便后期遇到问题，无须东一榔头，西一棒子到处搜索，只要求助你的知识管理库，通过关键词的搜索，找到你过往学习积累过的知识内容，快速解决问题。

第二，信息处理管理

我们在阅读或听课时，接收到的信息主要是线性的。如果我们输入了大量庞杂的信息，没有进行整理，就会陷入"惰性知识"的陷阱。

所谓的"惰性知识"，是指那些只是记住，但在生活里从来不用，也不知道怎么用的知识。要克服惰性知识就要主动去学习、思考，把知识结构化、系统化。

我们在【学习篇】讲到知识金字塔，你从外界摄取的信息，属于最底层的知识信息，存在你意识之中，如果不能管理运用，就得不到很好的发展。只有经过大脑的处理，成为加工信息，才是属于你的知识。有效的深加工肯定是在记忆内容和已知信息之间建立联系。

如果我们能对接收的信息进行整理，找出它们的内在逻辑，不断进行关键词的提取、分类、总结、概括、类比等，积极调动你的大脑参与信息处理的过程，通过树形结构把知识串联和组织，那么这些知识就能在你的脑海中形成知识网络。

比如，我们提到做读书笔记、思维导图等，都是在帮你把看不见、摸不着的**思维变的可视化，可感知**，对知识进行更好地融合、内化。

信息爆炸的时代，只有应用的才是知识，其他的都是信息。再贵的课程，再好的知识点，如果不去消化吸收，成为自己的东西，那也只是"废物"一堆，只有去应用了才称得上是"知识"。

所以在这个维度，我们关注的是如何更好地理解、消化和应用掌握各个知识点。

第三，底层规律回顾管理

爱因斯坦说："学习知识要善于思考、思考、再思考，我就是靠这个方法成为科学家的。"

可能不是人人都能成为科学家，但如果你想拥有更多的智慧，就不要局限于具体的问题，而是分析现象后找出普遍性的规律。

因为日常我们收集到的信息，都是零散的信息或知识，你必须在大量加工信息积淀的基础上，形成对某一个领域的体系知识，通过回顾，深层次掌握普遍规划，升华自己的智慧。

这是大部分人经常会忽略的一点，只关注表面的具体的方法和技巧，却忽略了更高层次的智慧。

"熟读唐诗三百首，不会作诗也会吟"。大概就是这个意思，通过**完成输入、思考整理、输出、应用、改进的循环升级**，增加你的认知深度，进而改变你的行为模式。

查理·芒格说："如果你只是孤立地记住一些事物，试图把它们硬凑起来，那你无法真正理解任何事情。"

底层规律回顾，会使我们更深入审视已有的知识体系，把知识应用到现实情境中，对问题进行更加细微的观察，并且致力于创造一个个孤立点之间的关联。让我们赋予知识以灵性，赋予思维以弹性，更好地适应这个变幻莫测的世界。

要知道，一切的学习和努力无非三个目标：**一是解释问题；二是解决问题；三是预测问题。**

通过系统化的知识管理，不仅能够整合日常生活中碎片化的知识点，推动你的系统化思考，而且有助于找出问题背后的推动因素，从而更好地预测、指导、应用于实践。

任何一个卓有成效的管理者，都有一个共同点，就是拥有一套自己独特的知识管理体系。赶紧去找到你的外挂大脑，开启知识管理之旅吧！

¤ 精华回顾 ¤

1. 知识管理金字塔：信息收集管理、信息处理管理、底层规律回顾管理，自下而上形成知识管理体系。

2. 惰性知识：个体虽然已经获得并保存在头脑之中，但在某些情况下不能提取出来，加以应用而处于一种非活跃状态的知识。

知识输入：读书好，多读书，读好书

为什么有的人总让人感觉充满"洞见"，而你却不能呢？

百度前副总裁"李叫兽"（李靖）是这样回答的，高考 650 分和 450 分的人的差距，并不是因为他们接触了更多的信息，或者偶然获得了绝密的书单，而是他们处理信息的方式、看书的方式与众不同。

我们的大脑有一个闭环的知识结构，即输入、处理、再输出，循环往复，我们也是在这个过程中不断进步。

你输入信息的质量，决定你的认知高度；你处理信息的方式，又决定你对知识的吸收率。

那么，如何学习才能提高输入信息的质量，增加知识吸收率呢？

冰心先生曾将她八十多年读书生涯的切身体会，总结为一句话：**读书好，多读书，读好书。**

9 个字，言简意赅，背后却层层递进，蕴含着读书的深刻含义。

一、读书好：开卷有益

知乎上有一个话题，"为什么**大多数人宁愿吃生活的苦，也不愿吃学习的苦**"？

其中有一个高赞的回答，让人深以为然：

178

"大概是因为懒，学习的苦需要主动去吃，生活的苦，你躺着不动它就来了。"

是呀，学习的苦，是主动、枯燥的，而且即便吃了这些苦，短期之内还看不到成效。而对于生活的苦，就像是温水煮青蛙一样，让人后知后觉。

我爸妈都是农村出身，他们没有多少文化，我妈还好，至少小学毕业；我爸就只读到小学二年级就出来工作养家糊口。

凿石头、做建筑工人，几乎所有能赚钱的重体力劳作他们都干过。从小到大，我们听到最多的话就是，"只要你们能考得上，我们就算再苦、再难也会把你供出来的"。

我们姐弟几个也是特别努力，从农村走到县城，再到省会城市，再到北上广深，甚至未来走到更远的世界。

"别抱怨读书苦，那是我们去看世界的路。"我现在的成长，其实都离不开过往阅读过的那一本本书籍，不管是如砖块般难以下咽的专业书籍，还是偷偷躲在被窝里看的小说。

读书可以经历 1 000 种人生，不读书人只能活一次。就像陈平原老师有一段广为流传的话："如果你半夜醒来发现自己已经好长时间没读书，而且没有任何负罪感的时候，你就必须知道，你已经堕落了。

不是说书本本身特了不起，而是读书这个行为意味着你没有完全认同于这个现世和现实，你还有追求，还在奋斗，你还有不满，你还在寻找另一种可能性，另一种生活方式。"

读书可能没办法让你大富大贵，却能让大多数人免于跌落谷底，拥有选择的权利，选择有意义、有追求的工作，而不是被迫谋生。

读书虽然不能直接帮你解决问题，却会给你一个看待事情不一样的角度。

读书虽然不能改变人生的长度和起点，但可以改变你人生的宽度和终点。

二、多读书：多多益善

古人有云："尽信书则不如无书。"

读书从来就不该只信"一言堂"，博览群书才是见多识广和增才益智的重要途径。

在《如何阅读一本书》里，将阅读目的分为两种：

一是为了获得资讯进行的阅读；二是为了提高理解能力的阅读。

简单来说，读书就是有两种形式：一种是**泛读**；另一种是**精读**。

所谓的泛读，就是你利用一些碎片化的时间，大量摄取一些资讯类知识，**迅速地扩大你的知识面，让你了解到不同维度的知识。**

当你读的书越多，知道得越多，就越能进行知识之间的迁移。比如，我在大学期间学过一门国际法课程，课程内容其实非常枯燥，离我们的现实生活也很遥远，理解起来非常有难度。但如果你之前了解过一些国际历史，知道"一战""二战"造成了整个国际形势的变化，那么这门课程对你来说就容易很多。

那么，如何高效率进行泛读呢？

我的一个习惯，日常喜欢在地铁或者其他碎片化的时间，耳朵塞上耳机，加速两倍听樊登读书，不会纠结最后真的学进去多少。

这样的学习给我增加了很多新知，比如我第一次听《混乱》，知道拥抱不确定性，经常能给人生带来另外一种可能性。讲课老师在他个人丰富阅历的基础上，对于很多书本的解读，可能不同于市面上的一些纯解读类书籍，更像是一种人生阅历的分享，让你收获到很多的人生观、价值观及世界观。

当然，以上也仅是我的个人习惯而已。

市面上关于听书的平台有很多，樊登读书、得到会员听书、喜马讲书、知乎讲书、微信听书等平台，都是不错的听书平台。你可以根据自己的习惯，和对内容的喜好，挑选合适的平台进行学习。

我们生活的这个世界和社会，其实是一个复杂的整体。通过泛学，可以培养多元化思维模型，就能避免单一思维的局限性。

当然，任何知识的学习，关键都在于不断积累，长期坚持。久而久之，你就会不断拓展认知的边界，把自己从"单向度的人"变成"多向度的人"。

三、读好书：精读好书，受益无穷

读一本好书，就是在与优秀的人对话。

和泛读不一样，**精读是需要你与书的作者进行灵魂深处的交流。**在和作者经过一场悄无声息的交流之后，你就会对他的观点佩服得五体投地，也就欣然接受了他的观点。

想要获得这样的能力，不仅仅满足于作者说了什么话，还要去探求作者真正的意思是什么，以及他为什么要说这样的话。

那么，怎样才能找到一本精读的好书呢？怎么样阅读，才对得起这样的经典书籍呢？

1．如何找到一本好书？

在选书方面，我的习惯是在听书的基础上进行筛选。

泛听到一些比较不错的经典书，我可能会多听几遍。觉得非常不错，再到电子阅读平台上把本书的目录大致浏览一遍，试读前面几个章节。

后面觉得确实有精读的价值，我才会去购买纸质版的，进行深度学习。

另外，还可以重点关注几点，比如看出版机构，大的出版社、口碑好的出版社，能帮你选书省去不少时间。看作者的背景，如果是非娱乐性的阅读，最好选择某个知识领域著名的作者。看推荐人，身边朋友对书籍的品位，决定了他能否帮你推荐合适的书。看书的推荐书单，"好书是从好书中来的"，好的作者都会在自己的阅读书单里为读者推荐书单。这些方法都能帮你筛选到不错的好书。

2．如何精读一本好书？

都说，"读书百遍，其义自见"。在我看来，一本经过时间检验的好书，如果你想真正把它读懂，把知识转化为能力，至少要阅读三遍。

"半部论语治天下"，好书在精而不在多。一个月精读一本也就够了，一年也就精读 12 本。

第一遍，画思维导图

经常有人说自己读书时抓不住重点，理解力特别差，读完以后什么也没有记住。

那是你不懂得使用思维导图，你可以用思维导图帮你形成知识网络。

拿到一本书，你一开始应该做的不是马上去阅读书中的内容，而是了解该书的知识结构，即大纲目录，先站在一个系统旁观者的角度去看待本书对你的帮助，是填补你知识领域的空缺，还是深化你的认知呢？

在了解过作者编排目录的原因之后，你可以做一份简版的逻辑思维导图。关于思维导图的工具有很多，常见的有 X-mind、**幕布**，都是很好的学习工具。

当你用思维导图将学习的内容进行输出，通过理解和记忆来整理提取关键知识点，形成能帮助自己快速记忆和收集整理的导图笔记。再内化于"脑"，随时调取应用。在这个过程中，相信你的思考能力也会大幅上升。

第二遍，记录有用的知识点

我们在【知识管理】提到"好记性不如烂笔头"，我们的大脑不是用来记忆的，而是用来思考的，你得给自己的大脑连接一个外部大脑。

书里有用的知识，可以是经典名句或观点，觉得对自己有用的一定要记下来，形成自己的积累。

有了知识的记录后，需要和自己大脑里已有的知识做连接，并且要对新的知识进行**"思考""质疑""验证"**。

当你看的书越多，知识积累得越多，知识的连接就越快，看书效率也会大幅度提高，要想认知升级，积累的过程是必不可少的。

把这些知识整理归纳好，便于以后自己回顾、引用，提高写作效率，一定要学会记笔记。彭小六在《洋葱阅读法》里总结过一个**九宫格读书法**，推荐按照以下五个部分对一本书进行梳理：

九宫格笔记法

把找到的关键概念填进去

九宫格由五个部分构成：

（1）主题：书名、某个 PPT 的主题、公众号文章主题等。

（2）问题：在读这本书之前，你有什么疑问？你想让这本书为你解答什么困惑？

（3）概念：书/文章中有哪些核心或是以前不知道的概念？

（4）啊哈：记录感兴趣、使我快乐、欣喜的地方。

（5）接下来要做：如何借鉴、改进自己的行动？

当你每精读一本书，都能按照九宫格读书法做记录，加上后期不定期回顾，对于你内化这本书的精髓，绝对有非常大的帮助。

第三遍，读书最好的方式就是输出

你有没有这样的体验？好不容易看完的一本书，结果没过几天，就忘得一干二净。平时和朋友聊天说起自己看过的书，结果对方一问书中大概讲了什么故事。你的大脑一片空白，支支吾吾也讲不清楚。

这就是平时没有注意在输入后进行有效输出。

想要吸收一本书的精华，最好的沉浸式学习的方式就是讲述。如果你能把一本书的内容复述给别人听，并且别人听完你的讲述，还能对这本书产生兴趣，才说明你真正掌握了这本书的核心知识。

讲书是一门技术活儿，有点儿类似于我们中学时期常写的读后感，但又有不同之处。有两个原则，需要你遵循：第一，讲书的内容要以书为据，尽量不要延伸太多主观的东西；第二，用自己再创作的内容讲述，而不是单纯只对书的内容进行浓缩。

"教就是最好的学"，从本质上讲，讲书是一种分享和输出，通过这种方式，你可以将书里的知识进一步记忆和巩固，同时又锻炼了你的逻辑思维能力和语言组织能力。

当然，这个过程不是一蹴而就的，一开始你可能只描述个大概，但经过几轮的刻意练习之后，你就能不断把书中的内容融会贯通，内化为自己的综合能力。

锻炼与不锻炼的人，隔一天看，没有任何区别；隔一个月看，差异甚微；但是隔一年、五年看，身体和精神状态上就有了巨大的差别。

阅读也是一样的道理，深谙读书好，持续多读书，坚持读好书，日积月累，他的认知和洞见，自然就和不读书的人拉开了差距。

实际上，关于升职加薪、成长、创业等让你苦思冥想的问题，大部分人都经历过，并且这些问题的大部分都已经有人找到解决方案，写成了书。

如果你感到迷茫或焦虑，不妨通过读书去找到答案。我始终相信，**不读书的人生就像空心的竹子，空洞无物。读书更像是一本人生最难得的存折，一点一滴地积累，你会发现自己是世界上最富有的人。**

¤ 精华回顾 ¤

1.如何精读一本好书：

（1）第一遍，画思维导图；

（2）第二遍，记录有用的知识点；

（3）第三遍，读书最好的方法就是输出。

2.九宫格读书法：彭小六在《洋葱阅读法》提倡的一种带着问题、带着目标、输入输出相结合的学习方法。具体包括以下五个部分内容。

（1）主题：书名、某个PPT的主题、公众号文章主题等。

（2）问题：在读这本书之前你有什么疑问？想让这本书为你解答什么困惑？

（3）概念：书／文章中有哪些核心或是以前不知道的概念？

（4）啊哈：记录感兴趣、使我快乐、欣喜的地方。

（5）接下来要做：如何借鉴、改进自己的行动？

目标管理：Flag 总完不成，
你还差一套 OKR

你今年立下的 Flag，还挺立着吗？

曾经在无数个春天，我们都斗志满满地告诉自己今年一定要做点儿什么，但立了无数次 Flag，到了年末却悔不当初……

曾经的我，也是每到年初就给自己立下各种 Flag，但到了年末才发现，自己就真的宛如戏台上的老将军，背上插满了 Flag，却没有一个做到。

直到在互联网公司工作时，作为一个曾经被 OKR 支配的人，某一天，我终于悟到了 OKR 的正确打开方式：既然 OKR 能够指导工作，为什么不尝试用它来做个人目标年度计划。

于是，我就尝试把 OKR 计划法应用到生活中，结果发现年初制定的目标计划，不仅基本完成，甚至有些还超额完成。

其实，**人不怕立 Flag，就怕不会立 Flag**。如果缺少科学的目标管理方法，人很难克服自己的惰性。

一、什么是 OKR 计划法

相信在互联网工作过的朋友，对 OKR 这个词一定不会陌生。

所谓 OKR（Objectives and Key Results），即目标与关键结果法，这是

英特尔公司创始人格鲁夫创建，在他看来，一个成功的目标管理系统需要回答以下两个问题：【我想去哪里】和【我如何调整节奏，以保证我正在往那里去】。

这两个问题，正是 OKR 的两个核心，即需要一个极致聚焦的明确目标（Objectives）和量化该目标的数个关键结果（Key Results）。

后来，百度、华为、小米、字节跳动等互联网公司逐步使用和推广 OKR，它为互联网组织创造了巨大价值。

但在我看来，OKR 不仅是一种工作法，更是一种生活法，它同样适用于指导我们的成长。相比 KPI 等方法，OKR 是自我设定的，是目标管理和时间管理的完美结合，真正让你实现**"我的目标我做主"**。

目标（O），可以让你关注"挑战"，Key Results 是服务于目标的，帮你保持专注，制订计划。

哈佛大学曾经在一群智力、年龄相仿的年轻人中进行了一次关于人生目标的追踪调查。调查发现：27％的人，没有目标；60％的人，目标模糊；10％的人，有比较清晰的短期目标；3％的人，有十分清晰的长期目标。

结果，25 年跟踪调查后发现，那 3％拥有清晰目标的年轻人，几乎都成为社会各界顶尖成功人士，他们之中不乏白手起家创业者、行业领袖、社会精英。

10％拥有比较清晰短期目标的人，大都生活在社会的中上层。他们的共同特点是那些短期目标不断被达到，生活质量稳步上升，成为各行各业不可缺少的专业人才，如医生、律师、工程师、高级主管等。

而 60％目标模糊的人，几乎都生活在社会的中下层，他们能安稳地生活与工作，但都没有什么特别的成绩。

剩下的 27％的人，他们几乎都是普通大众；他们的生活都过得很一般，常常失业，得靠社会救济，并且常常在抱怨他人、抱怨社会。

成年人的世界，没有那么多童话，也没有那么多逆袭。所有的逆风成长，都是有备而来的。我们每个人心里都有一头雄狮，想要唤醒这头雄狮，制定清晰的目标至关重要。

而 OKR 是一套协助我们进行目标管理的工具和方法，可以帮我们更加聚焦目标、聚焦重点。

二、如何制订 OKR

那么，如何制订一个科学的 OKR 计划法呢？

在制订 OKR 之前，你先拟订一个合适的周期（天 / 月 / 季 / 年），设置 O（目标），再针对每个目标去制订相应可量化的关键结果（KR）。

在我看来，目标是用来明确方向的，符合"三只青蛙"原则；关键结果则用来量化目标，需符合 SMART 原则，帮你聚焦在有挑战的目标上。

请为自己的阶段目标制订一个期限 【1个月、3个月、半年、一年】	（_____月/年）
请写出你的阶段目标	
目标分解： （我要为实现这个目标做什么关键任务？需符合SMART原则）	
关键结果1：	
关键结果2：	
关键结果3：	

目标制订：三只青蛙

一个好的目标，相当于在告诉我们要去哪里。在制订 OKR 时，最怕的是想要的太多，要知道目标太多等于没有目标。

如何聚焦目标制订呢？

巴菲特给出了一个答案：专注。

第一，写下你的 25 个目标。

第二，认真排序，选出 5 个目标。

第三，把 20 个没有选择的目标放在"不惜一切代价也要避免"的清单上。

巴菲特建议，不管怎样，其余的 20 件事情不应该引起你的注意，除非你已经非常成功地完成前 5 个目标。

一个人的时间和注意力是有限的，如果你不能朝着最重要的目标努力，你的时间只会被繁忙的工作"杀死"。

真正好的目标，一定是能让你大清早从床上兴奋地跳出来的，**"叫醒你的就真的不是闹钟，而是目标"**。

那么目标应该怎样制订才能真正有效呢？

美国作家博恩·凯西在他的时间管理著作《吃掉那只青蛙》中说，

"找出你一天、一周、一个月、一年、一生中最重要的事情，它们就是你必须吃掉的'三只青蛙'。如果你必须连着吃掉三只青蛙，记得要先吃掉最大、最丑的那只。"

第一，明确你的"三只青蛙"，找出最重要的三件事情，它们就是你必须吃掉的"三只青蛙"。

根据"二八定律"，你每天最重要的三件事（20%）往往会起到 80% 的效果。

我们要学会把时间和精力放在那些真正能够让你成长的重要事情上，才能有效地安排你所要面对的事情，扎扎实实地成长。

第二，先吃掉"最大、最丑的那只青蛙"。

也就是每天先把最重要、最困难的任务放在前面解决，你会发现那一天没有什么比这更艰难的事情了，从而让你的一天都倍感轻松。

如果浪费时间去做"不紧急，不重要"的事情，这些事情只会浪费你的时间，不会帮助你获得任何进步。

第三，保护你的"青蛙时间"，就是确保你每天都有足够的时间专注于吃掉那只"最大、最丑的青蛙"。

成年人每天要面对的事情太多了，我们必须给自己保留下整段时间，用来处理最重要的事情。

我每天都会在前一天晚上，把第二天的"三只青蛙"写在行程本上。第二天每吃掉"一只青蛙"，我就会在行程本上打一个"√"，这会给我带来满满的成就感。

当然，"三只青蛙"的方法，不仅适用于每一天，还适用于你的年度目标。

以前的年度目标，我可能会定十几条，等到年末，才发现一条都没有实现。现在制订全年目标时，我一定会先花时间认真思考，最后只会制订出三个重要目标。

并且目标层级是自上而下的，年度目标、季度目标、月度目标、每日目标，有点儿像俄罗斯套娃，一个套着一个，你在制订月度目标时，要重点关注是否符合季度目标，季度目标又是否契合年度目标，只有层层递进，到了年末才能真正吃掉年度"最大、最丑的三只青蛙"。

我很喜欢哈佛大学的一句名言，"当你为自己想要的东西而忙碌的时候，就没有时间为不想要的东西而担忧了"。

一个人如果不知道自己要驶向哪个码头，那么任何方向的风都不会是顺风，但一旦你知道自己要去哪里，全世界都会为你让路。

关键结果制订：SMART 原则。

想要做成一件事情，意志力是靠不住的，要靠具体路径才有可能。

因此，在制订关键结果时，一定要符合 SMART 原则，让结果可量化，你才能驾驭住 OKR。

S=Specific，明确性：目标必须是明确的。

M=Measurable，可衡量：关键结果必须是可衡量的。

A=Attainable，可实现：目标可以仰望星空，但执行要脚踏实地。

R=Realistic，相关性：要和你的主要目标是密切相关的。

T=Time-based，时限性：没有时间限制就是空谈。

以目标是一年内成为知乎"大 V"为例，制订关键结果：

KR1：我要在今年，知乎粉丝达到"5 万 +"；

KR2：知乎等级达到 V9，"盐值"分数大于 900。

设计关键结果中最具挑战性的部分，就是把目标中定性的部分转化为可量化的数字，使每一步努力都可衡量。

看过一个对话，有人问米开朗琪罗：你是如何雕刻出大卫雕像呢？

他回答：只要剔除掉不属于大卫的部分就好。

当你设置完关键结果，接着就要在烦琐的生活里，尽量砍掉其他与目标无关的事项，让精力和时间更聚焦。

时间是我们最缺稀的资源，时间的分配直接决定了你的成长速度，学会做减法，断舍离，聚焦我们的时间、努力和资源，你才能光速成长。

二十几岁的时候，谁的青春不迷茫，"不喜欢现在的生活状态""不知道自己喜欢干什么，想干什么""对未来一片空白，没有目标指引自己"。

其实，我们都一样，我也曾经因为对未来一无所知而焦虑过，也因为对未来感到迷茫而无助过，更因为生活的不如意躲到洗手间里大哭过。

唯一不同的地方就是，当在你还站在原地踟蹰时，有人不断探索，拨开迷雾，找到成长的正确进阶方法——OKR 计划法，并且不断践行。**时间从来不语，却回答了所有问题。**当你还在"卡"在原地，可能和你同一起点的人，已经达到你无法想象的高度。

我们每个人都是自己这家无限责任公司的 CEO，想要经营好自己的这家公司，不仅要立 Flag，还要有 Flag 的具体实现方案。

人生不过 3 万天，过一天就少一天，我们来人间一趟就是要发光、发亮，要学会和时间赛跑，和自己赛跑。

你愿意制订一个成长 OKR，和我一起改变吗？

¤ 精华回顾 ¤

1.OKR(Objectives and Key Results)：即目标与关键成果法，是一套明确和跟踪目标及其完成情况的管理工具和方法。目标（O），可以让你关注"挑战"，Key Results 是服务于目标的，帮你保持专注，制订计划。

2. 三只青蛙：找出你一天、一周、一个月、一年、一生中最重要的三件事，它们就是你必须吃掉的"三只青蛙"。

复盘：不认真复盘的人生，不值得过

金句

只有敢于直面惨淡过去的人，才是真正的勇士，才能从复盘中迅猛成长起来。

——胃窦

"我有 3 年的工作经验。"

"不，你只是把 1 年工作经验用了 3 年。"

以上这段对话，是我在工作 3 年后，我的直属上司当面对我说的。

当时，我从 0 到 1 独立负责了人生中的第一个项目，心里美滋滋地自认为："这回领导该表扬我了吧？"

直到一天，我的上司突然跟我说，"我看你也有几年的工作经验，但你有没有认真做过复盘呢"？

那是我人生中第一次听到"复盘"这个词，我只能本能地摇摇头。

她随手递给了我一本《复盘思维》的书，"好好看看，然后尽快交给我一份项目复盘报告"。

之后，复盘这件事对我的人生产生了重大的影响，我不仅在工作上会做复盘，就连生活和成长，也都会做复盘。

这几年，我曾专访过很多年入百万，颇负盛名的牛人大咖。

有一个意外的发现，真正厉害的人，都是懂得复盘，总结出自己的一套科学的方法和逻辑，同时建立起自己的品牌。而生活中绝大部分人从来没有总结梳理过自己的知识和经验的意识，即便他们对某个专业和领域有着很深的洞见，看问题准，见解独特，但当你追问他是如何做到的，他又说不出个所以然来。

这也是同样努力，为什么取得的结果截然不同？最根本的原因就是你每天继续前一天的努力，还是具备复盘思维呢？

进步＝错误＋反思。

复盘的目的，就是帮助你以后遇到类似的情况，能够做出正确的决策或快速反应。如果决策是尊重未来的自己，那么复盘就是尊重过去的自己。

只有学会了复盘，你吃过的亏、受过的苦，才会真正成为你走向成功的基石。

一、什么是复盘

微软根据多年的人才培养经验发现，大量给员工培训并没有用，如果想要通过培训切实提高绩效，最好的方法就是采用"721 法则"，即学习 70% 来自实践与经验，20% 来自与他人交流与互动，10% 是通过培训来获得。

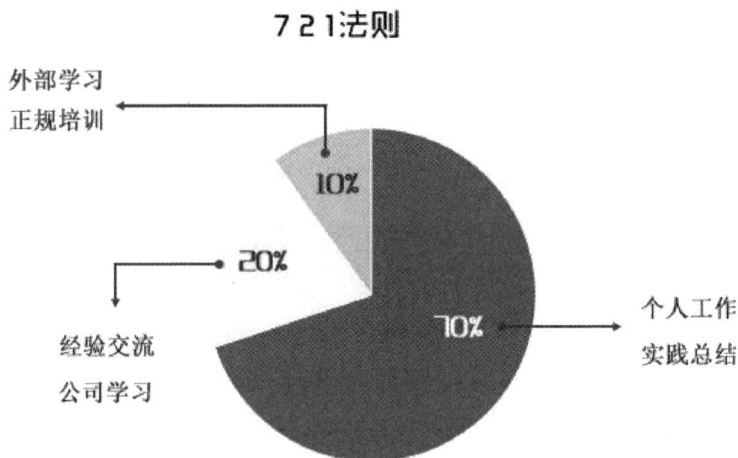

721法则

外部学习
正规培训
10%

经验交流
公司学习
20%

个人工作
实践总结
70%

也就是说，在我们的成长过程中，只有30%是向书本和他人学来的，70%都是跟自己学的。**你的复盘能力有多强，直接决定你的进步空间有多大。做一件事情，失败或成功，都有必要重新演练一遍。**

复盘，这个词本身是围棋术语，真正的围棋高手平时在训练的时候，大多数时间并不是在和别人搏杀，而是把大量的时间用在复盘上。他们会在每次博弈结束后，复演该盘棋的记录，看看哪里下得好，哪里下得不好。对自己和对方走的每一步的成败得失进行分析，同时提出假设——如果不这样走，还可以怎样走；怎样走才是最佳方案。

发展至今，复盘，已经是一种提升能力的重要方式。它是以书写或回忆的方式对过去所做的事情重复"过"一遍，通过对过去的思维和行为进行回顾反思和探究，实现能力的提升，提高办事效率。

只有敢于直面惨淡过去的人，才是真正的勇士，才能从复盘中迅猛地成长起来。

二、如何做复盘

复盘这件小事儿，说起来简单，可是真正做起来，需要你养成坚持反思的习惯，把自己掰开揉碎了，不找各种理由和借口，深度去剖析日常生活中的小事。

大体上，我的复盘可以分为两大类，纵向事件复盘和横向事件复盘。

1. 纵向事件复盘

纵向事件复盘主要以大事件或大目标为主，比如一项工作任务，一次Flag，一次团体活动，都可以用这种方法。

回顾目标，确认基准

目标是否实现，是我们判断成功与否的唯一标准。回顾自己当时制订了什么目标，或者说你当时最希望达成的结果是什么样子的。

具体操作方法：回顾目标最直接有效的方法，就是把目标写在最显眼的地方。

评估结果，用数据支撑

对照最初设定的目标，看看现在目标进行到什么程度？结果和目标对比处于什么状态。记住一定要实事求是，理清思路，找到现状、目标和差距。

具体操作方法：用数字等可量化表达的方式，直接将结果写出来。

找到差距，分析原因

明确自己的优劣势，衡量外在环境对时机、结果的影响，从而提升事情的可控性。

具体操作方法：从主观因素和客观因素两个方面去思考问题，对完成的任务进行分析和梳理，分析主要的亮点是什么，主要的不足又是什么，并分析亮点和不足产生的主观、客观原因是什么。

总结经验，指导实践

通过以上分析找到做事更有效、更符合本质规律的做法，并把总结的解决方法运用到下一次实践中。

具体操作方法：在那些成功、失败的事件中，找到助推目的达成并可重复使用的方法论。

例如，我 2022 年给自己立下了一个 Flag 就是知乎涨粉"5 万 +"，我在年初就把目标写进年度目标管理。每个月我会对目标进行评估，审视当前达成目标的进度。如果进度和预估有差距，就会重新调整当前的涨粉和内容创作方案，用于指导下一次的实践。

当然，做完以上这四个步骤后，复盘并没有结束，你可能还需要根据以上内容制订新的目标计划。

人生最大的浪费就是经验的浪费，不要轻易放过每一段经历。事情做成功当然是最好，但不幸失败了，你也要懂得从中复盘，吸取教训。

这个社会不奖励努力的人，奖励的是努力并且取得结果的人。如果你不觉得一年前的自己多愚蠢的话，说明你这一年来没有进步。

2. 横向事件复盘

除了纵向事件复盘，我在日常生活里，进行最多的就是横向事件复盘，它以日常时间线进行划分，包括每日复盘、每周复盘、每月复盘。推荐张萌萌姐设计的一本 365 天时间精力管理笔记《赢效率手册》，我连续使用过 3 年，使用它可以高效帮你做好日常工作计划和复盘。

每日复盘

用时间轴的方式记录每天时间的使用情况

在进行每日复盘，我会使用时间轴记录的方法，记录每天从起床到入睡之间的每一段时间都做了什么。你也可以用画格子来表示一个小时，清晰记录你在每一个时间段内实际做的工作。

吾日三省吾身，增加内省环节。

我自己设计一个评分机制，将每天的行程分为目标管理、输入、输出、时间管理、精力管理五个项目，每个项目 2 分，总分 10 分。

每天晚上根据当天表现的情况，对自己进行评分，及格分为 6 分。高于 8 分，第二天，我就会奖励自己一份儿甜点；同时低于 6 分，我就会惩罚自己当天晚睡半个小时。

一年 365 天，我们每天都有一次对自己进行反省的机会。当我们练习得越多，做得越快，每天只需要在睡前花上 5 分钟，就能对当天的行为做一个简单的复盘，对你的成长也就越有利。

3. 每周复盘

在互联网公司工作过的人，肯定都会有被"周报"虐过的经历吧？

在生活中，我们同样也要给自己的成长做周报。你可以把一周所做的事情当成项目管理当中的一个项目，每周固定一个时间，检测项目完成的进度情况，可以重点关注自己未完成的工作，以及下一周待完成的工作。

我现在已经习惯把星期天当作我每周的第一天。在这一天，我找一个集中时间，完成本周的复盘和下周的计划，重点问自己三个问题：

（1）本周的任务都完成了吗？没有完成的原因？

（2）本周有没有做到高效生活？有没有大批量的浪费时间？

（3）本周最成功的事情是什么？有没有吸收新的知识？

这样，当别人在慌乱中度过周一的时候，我就已经按部就班地在执行本周的计划，这份内心的满足感只有自己知道。

人与人的差距是逐渐拉大的，一年52周，如果你每一周都能认真进行复盘，总有一天，你会惊喜地发现52次周复盘，自己始终保持着螺旋式上升的成长姿态，不知不觉就会跟身边的朋友拉开差距。

4. 每月复盘

每月复盘，是基于日复盘和周复盘，前提是你在之前对每天的生活都有所记录和总结。同时它又不同于日复盘的烦琐，你仅需要基于过往一个月的时间管理数据，对自己进行一个客观的总结和评价。

善于用完成清单（Done-list）进行梳理

【工作】：记录当月工作中完成的任务和收获。

【学习】：记录当月看过哪些书籍，重点提升哪项能力。

【社交】：记录当月参加过哪些活动，认识了哪些新朋友，维系了哪些旧关系。

【休闲娱乐】：本月看过哪些电影，进行过哪些户外活动。

……

当然，这个没有固定模板，你可以根据自身情况增加或者减少板块，具体可参考我们前面提到的【幸福人生九宫格】板块。

增加内省环节

（1）你对本月的表现满意吗？（10分表示非常满意）

（2）本月最大的收获是什么？

（3）本月最大的遗憾是什么？

（4）接下来你想怎么去做？

一年12个月，完成12次的月度复盘。等到年度总结的时候，你从12个月度的复盘里，就能清晰知道自己今年一整年都干了哪些事情。

李小龙说，"我不怕练了 10 000 种腿法的人，我怕的是同一种腿法练了 10 000 次的人"。

不过，《复盘思维》的作者郑强老师却说，"**仅仅重复 10 000 次的人，永远成不了专家，只有经过系统的、有目的性的、有策略的总结、反思并及时纠正 10 000 次的人才可能成为专家**"。

世界上最悲催的事就是用同样的行为方式，却期待不同的结果。会复盘，才能翻盘。只有养成复盘的习惯，每一天的努力，每一次的进步，每一年的成长，才会成为记录你不断变好过程的里程碑。

愿你重视起复盘，并切实开始复盘，让成长就此飞扬起来！

¤ 精华回顾 ¤

1. 复盘：它是以书写或回忆的方式对过去所做的事情重复"过"一遍，通过对过去的思维和行为进行回顾、反思和探究，实现能力的提升，提高办事效率。

2. 721 法则：学习 70% 来自实践与经验，20% 来自与他人交流与互动，10% 可以通过培训来获得。

3. 纵向事件复盘：

（1）回顾目标，确认基准

（2）评估结果，用数据支撑

（3）找到差距，分析原因

（4）总结经验，指导实践

清单：万事万物皆可清单

不知道你有没有这种经历，好不容易出门一趟，发现要么忘带钥匙，要么忘带身份证，结果当天一整天的心情都不好了。

我有几次出门忘记带钥匙，结果带上门，才发现自己被关在门外。

无奈之下，只能找开锁师父。看着开锁师傅三下五除二撬开门，两张大洋就出去了。

我总是无比懊悔，每次都暗暗告诉自己，"下次千万别再忘记带钥匙了"。

可是等到下次出门，还是把这件事情抛之脑后。

直到有个朋友告诉我一个特别简单的方法，出门前提醒自己四个字："身（伸）手钥（要）钱"——身份证、手机、钥匙、钱包。

这四样东西记起来很费劲，但当它们被压缩成一句随口清单，我就很容易记住了。

于是，从那时候开始，我就成为一名清单控，能用一张清单轻松搞定的事情，绝对不会用到大脑。

事实上，不仅仅是医疗行业，航空、餐饮、金融等各个行业，都存在着简单又威力巨大的小清单。比如，在每次做手术前，护士一定会提前备好一张清单，清单上的内容也很简单：

第一步：洗手消毒；

第二步：用消毒液给病人皮肤消毒；

第三步：给病人盖上无菌手术单；

第四步：医生戴上手套、帽子、口罩，穿上手术服；

第五步：待导管插入后贴消毒纱布。

我当时看完这一份清单，觉得这就好比提醒一个人吃饭不要忘记用筷子，似乎显得有些愚蠢。

直到看过《清单革命》这本书，才知道就是这样一个简单的动作，让医护人员把手术中最关键的步骤列在清单上。这项非常简单易行的举措，把手术感染的死亡率降低了将近 50%。

无论一个人的记忆力多好，能力多厉害，都不可能保证自己在任何一个阶段所做的事情都毫无遗漏，准确无误。但是借助一个并不复杂，甚至是你随手做出来的工具，反而就能让你的生活省力不少。

一、清单思维：无知之错可原谅，无能之错不被原谅

《清单革命》的作者提到，人的错误有两种：一种是无知之错；另一种是无能之错。

无知之错，就是你根本不知道如何做才是对的，所以出错了。比如让当下的你去开飞机，你肯定不会，所以一定会出错，这个就是无知之错。

另一种错是无能之错，这是一种你知道怎么做是对的，却又不知不觉地犯错。比如，出门忘记带钥匙。

前者无知之错可以被原谅，但后者无能之错就不能被原谅，因为你只要稍加注意，就能避免这种错误。清单思维正好可以解决这个问题。就像为了保证飞行员的操作都是零失误，航空公司为他们都配备一个飞行清单，上面列着必须操作的所有步骤。飞行员在每次飞行前，只要按照清单一件、一件做好，就不会出错。

清单，不仅是工作方法上的改变，更是思想观念上的变化。我们需要学会列清单，养成列清单的好习惯，就能避免无能之错，极大地降低人生中的差错率。

二、你距离自由，或许只有一张薄薄的清单

清单竟然如此重要，那么如何制作清单呢？《清单革命》列出了制作清单的六大要素：

（1）设定清晰的检查点；

（2）选择正确的操作类型，是操作确认还是边读边做；

（3）清单要简短；

（4）语言要精练、准确；

（5）要注重版式，便于查阅；

（6）经得起考验。

其实核心重点就三个：简单、可测、高效。

根据事情的简单和复杂程度，可以分为执行清单和检查清单两种形式。

1. 简单问题用"执行清单"

简单问题的核心是避免忘记，执行清单把需要做的每件事以清单形式进行整理，将原则和关键点写下来，比如开头提到出门提醒自己身（伸）手钥（要）钱，就是一个简单问题的执行清单。

你只要严格按照清单执行，就能将成功的可能性提升到最大。要求坚守简单、可测、高效原则。

例如，组织策划汇报会事宜。你需要提前列出一份会议的执行清单。

会前准备

（1）确定会议具体时间、地点、议题、目的。

（2）确认与会人员名单，通知相关人员参会，附会议议题以供提前思考。

（3）物资准备：纸质材料（签到表等）、电子材料（PPT 等）、矿泉水、现场桌椅、投影设备。

会中执行

（1）会前十分钟，确认人员到达情况。

（2）会议时间节点把控，推动会议正常进行。

（3）会议内容记录。

（4）会议最终总结，就议题达成某项共识。

会后工作

（1）将整理好的会议纪要发给与会人员，确认记录无误。

（2）根据会议中达成的共识及分工推进工作完成。

当你拥有清单思维，拥有自己的清单，就能将其变成一种工作和生活上的守则，找出其中的关键点，我相信做事情一定会事半功倍。

2. 复杂问题用"检查清单"

清单不只是用在打包旅行行李、备忘录等小事上，当遇到程序多、专业性强的复杂问题时，还可以用检查清单，做到目标可视化，以及做决定分析利弊，一切需要记录和理清头绪的地方都可以用到它。

如果你看过《穷查理宝典》，就一定对芒格的投资原则检查清单不会陌生。

风险

所有投资评估应该从测量风险（尤其是信用风险）开始。

（1）测算合适的安全边际。

（2）避免和道德品质有问题的人交易。

（3）坚持为预定的风险要求合适的补偿。

（4）永远记住通货膨胀和利率的风险。

（5）避免犯下大错，避免资本金持续亏损。

独立

唯有在童话中，皇帝才会被告知自己没穿衣服。

（1）客观和理性的态度需要独立思考。

（2）记住，你是对是错并不取决于别人同意你还是反对你，唯一重要的是你的分析和判断是否正确。

（3）随大流只会让你往平均值靠近，只能获得中等业绩。

……

作为股神巴菲特背后的智囊，芒格已经做过不计其数的投资，但即便如此，他仍然相信清单的力量，在做任何一笔投资之前，都会严格对照清单来检查即将投资的项目是否满足清单中的每一项内容。

正如他经常说的："聪明的飞行员即使才华再过人、经验再丰富，也绝不会不使用检查清单"。

不过，每个人都会列出一张长长的清单，希望自己能做到这些事，却只有少部分人能坚持在生活实践中，严格按照清单行事，再根据执行的结果修改清单内容。否则清单列得再多，也不过是"纸上谈兵"。

三、个人清单的独家分享

在《为什么精英都是"清单控"》一书中，像富兰克林、达·芬奇、爱迪生和奥普拉等不同时代、不同领域的成功人士，都是"清单控"，他们习惯于把该做、想做的事，变成可快速浏览、方便执行的"清单"。

其实，不仅仅是精英们需要清单，每一个想要做事有条理的人，都应该制定自己的清单。不管清单在脑子里还是在电子表格上，抑或是在 App 上，都是一种特别简单有效，对事情的管理方法。在此也分享我的三种个人清单模式，供你参考。

1. 常规任务清单

使用执行清单，把最重要的事情常规化，列一份《常规任务清单》，每天哪几件事情必须要做，每周哪几件事情必须要做，每个月哪几件事情必须要做。

每日：

（1）保证 7 小时左右的睡眠。

（2）用 30 分钟来整理自己的形象。

（3）给自己做一顿饭。

（4）保证 30 分钟的阅读学习。

（5）每日复盘和计划。

每周：

（1）和家人通一次电话。

（2）认识一个新朋友。

（3）参加一次户外活动。

（4）做周复盘，记录自己的生活。

每月：

（1）去看一次电影。

（2）花 5~12 小时去学习一门技能。

（3）精读完一本书。

（4）参加一次有意义的社交活动。

每年：

（1）去一个自己没去过的地方旅行。

（2）做一个全面的体检。

（3）按自己喜欢的方式过一次生日。

（4）做一次年度总结和次年规划。

2. 写作清单

作为一名写作者，每天都在创作，为了进行创作的品控，我也制定了一份写作清单，进行自我提醒和质量把关：

主题

本次的主题对读者来说是"有用"，还是有共鸣？

目标读者大概是什么样的人群？——你能理解多少人，就能拥有多少读者。

标题

标题是否有卖点？ ——给予目标读者想要的东西：八卦、好奇心、欲望、金钱、自我提升、自我愉悦。

标题是否有内容？ ——简洁有力，把文章的内容浓缩成一句话，不歪曲、不夸大。

标题是否有趣味性——第一时间吸引读者的眼球，常见的标题形式：数字聚焦、八卦猎奇、制造悬念、颠覆常识、名人效应、借势热点、干货复利、盘点归纳、戳中痛点，善用符号。

结构

文章采用哪一种结构框架？分成几个层次？

（1）三个故事加一个道理，适用于观点文。

（2）What-Why-How，适用于干货文。

（3）故事论述型，适用于人物稿。

层次与层次的过渡是否自然？

观点

（1）你的观点是否有价值？是否能被传播？

（2）文章的观点是否新颖，是否有启发性？

（3）观点和事例是否相互佐证？

开头

（1）文章开头是否吸引人？

常见的开头写法：讲自己的故事、讲别人的故事、名人故事、讲影视剧、抛出问题、先讲观点、别人的讨论、科学实验、书籍和历史事件、热点事件、拿标题说事。

（2）是否设置了吸引读者读下去的"钩子"或悬念？

故事

（1）是否使用了合适的人称？

（2）故事是否有代入感？有画面感？有细节代入？

（3）故事是否详略合适？

金句

（1）文章是否使用了足够多的金句？

（2）每个层次是否都有金句出现？

（3）引用的名言警句是否妥当，是否有启发性？

共鸣

（1）文章能引发读者的哪些共鸣？

（2）是否有能唤起读者的情绪反应？

（3）常见易引起传播的情绪：敬佩、愤怒、幽默、担忧、恐惧。

（4）不易引发传播的情绪：心满意足、抑郁、悲伤。

结尾

（1）结尾是否扣题？

（2）能不能把大多数用户的情绪和共鸣推向高点？

3. 交友清单

对交友、决策等重要的事情，我也梳理了一份检查清单，方便时刻提醒自己。

（1）你和一个人的关系，是由心理距离较远的一方决定的。

（2）以开放心态交朋友，但如果发现这个朋友欺骗过你一次，就再也不要傻傻地把对方当朋友。

（3）你人是怎么样的，你的朋友就是什么样子的。

（4）我喜欢三种朋友：一种是比我优秀的，另一种是使我优秀的，还有一种是愿意和我一起变得优秀的。

（5）朋友不是通过努力争取来的，而是在道路上奔跑时遇见的。

（6）真正的友情不是利己的，而应该是利他的。

（7）可以当成"命友"的朋友，一定都有过"过命""过钱"的交情。

（8）任何关系都要耗费精力去维护，才能让关系持久。一旦你松懈了，和朋友几个月不联系，电话不打，消息也不发，那么你就会发现，原来当初感情那么铁的朋友，都会感到"尴尬和疏远"。

（9）有些人可以共事，但不可以交友；有些人可以交友，但不可以共事。

（10）如果想去的远方不一样，再好的朋友，也会散于三观和距离。

以上清单，是我对自己生活、工作、交友的要求，它们都是我经过不断思考、多次实践调整优化的结果。

我建议看到这里，你也可以动笔写下专属于自己的清单，不要求一下子全部写齐。没关系，能写几条先写几条，先列一个最初的版本，随后有了更新的感悟、感知，再随时进行补充和替换。

没有什么事儿是一张清单不能解决的，如果有，那就两张。你现在打算用清单来结束繁忙生活中的混乱、无序和迷茫了吗？

自传: 从"卖煤球的女孩"到新时代女性, 一个不服输"90 后"女孩的奋斗历程

都说女孩的一生有两次改变命运的机会, 一是出生在一个好人家; 二是成年后找到一个好老公, 嫁入一户好人家。

作为一个出生在普通家庭, 家里没有"矿"的女孩, 我改变命运的两次机会, 全是靠自己争取得来的。

第一次是高考那年, 通过读书, 从农村走到城里求学, 见到一个不一样的世界。

第二次是毕业进入企业一年后, 放弃所有的安全感, 背井离乡选择独自"沪漂"。

靠着读书, 我一路从农村到县城读高中, 到省会城市上大学, 再到上海工作, 甚至未来走到更远的世界。每努力踏上一个台阶, 就是为了站得更高一些, 活成自己想要的模样。

我们无法决定人生的起跑线, 但不能因为起跑线太靠后, 就将它视为终点。既然命运已经给了我们一个比别人低的起点, 我们就要用一生去奋斗出一个绝地反击的故事, 这个故事关于梦想、关于勇气、关于坚忍。

一、"穷人家的孩子早当家"

1992年5月4日，伴随着一声啼哭，一个新生命呱呱坠地。

我出生在福建闽南地区一个多子女的普通家庭里，都说"穷人家的孩子早当家"，别人家的小孩还在嗷嗷待哺时，我七八岁时就开始帮着家里干活，干过的活，用我们当地的话来说就是："用一双手都算不过来"。

早些年，为了谋生，父母还做起了卖煤球的生意。没错，就是大家熟知的蜂窝煤球，7个孔，后来变成12个孔，家里烧饭做菜用，最早是靠纯手工制作的，直到这几年才变成机器制造。

小时候的我，年纪小不会打扮，也没钱打扮，基本上都是穿着姐姐们淘汰下来的衣服去上学，加上经常跟着父母给乡亲们送煤球，我经常被同学们称为"卖煤球的女孩"。

为此，我没少跟男孩子们打架。因此在上小学时，我没少受到老师的批评。

我的手上到现在也都布满劳动的痕迹，左手小拇指的指甲是裂开了一道缝，那是在我七八岁的时候，跟着妈妈到田地里割水稻造成的。

当时因为人太小，水稻长得比我人还高，我下地里没干多长时间，就把自己的手给割伤了。

当时一家人都在忙着收割，谁也没空带我去包扎。我妈就从口袋里掏出了几角钱，指了指旁边的小卖店。于是，我一个人忍着疼痛，出了田地，到旁边的小卖店买了一个创可贴给自己贴上。

我右手的中指和食指两个指头，是我在16岁初三毕业，为了贴补家用，到家附近的一家鞋厂打零工，不小心被作业的机器压到。所幸送往医院急救及时，没有造成太多功能性的损伤。

那时候，贫穷滋生了我心底最深处的自卑感，只是我一直不甘心，像身边同龄女孩一样初中一毕业，到附近工厂做一个普通的蓝领工人，然后随便找个人结婚，生孩子，就这样过一辈子。

在当时现实生活极度贫困的情况下，我唯一的情感寄托就是阅读各种小人书、中外名著等来排遣现实世界的苦闷。

尤其是作家三毛，我跟随她的文字去了不同的国家，西班牙、摩洛哥、意大利……她为一个当年困在课桌上、自卑的农村女孩，第一次打开了视野，原来世界很大、很美好，生活要真挚、要热爱，哪怕只是透过玻璃球，也能看见彩色的世界。

也正是通过读书，让我知道原来在我从小生活的小地方之外，还有一个更为精彩、更为浩渺繁华和神奇的世界。在这些书中，我也找到了奋斗的力量，渴望用知识改变命运，走出小地方，闯荡大世界。

后来考上大学，高考毕业有三个月的假期，我到家附近一家超市做临时工，三个月没有一天缺席，挣到 6 000 多元。开学交完 5 000 元的学费，900 多元买了人生第一部诺基亚手机，手上基本就没剩下多少钱。

我爸妈不希望我太辛苦，想给我一些生活费，有一次还偷偷把钱塞到我的书包里。被我发现后，我又把钱原封不动地放回柜子里。

我骨子里是一个很要强的人，想通过自己的努力去念完大学。

于是，刚上大学，当其他人都松了一口气，享受美好的校园生活，我就已经在为下个月的生活费发愁。

在大学里，我当过家教，因为学校在郊区，每次到学生家里做一次家教，来回基本上要花上大半天的时间，能挣到 80 元。我做过电话销售，从早上开始被关进"小黑屋"，按照提供的名单给别人打电话发邀约，一天下来，嗓子都哑了，能挣到 80 元。我甚至在学校门口发过传单，在烈日下发过传单，顾不上同学的眼光，只为了一个小时挣 10 元。

不过，我最开心的就是通过写稿挣钱，虽然可能好几天写好的一篇稿子，最后到手的稿费不过一两百元，但看到自己的文字变成铅字体，出现在报纸杂志上，那种自豪感和成就感是其他事情所无法比拟的。

人生没有白走的路，也没有白读的书。这些年里，我的心里一直有一个声音在提醒着我："别抱怨读书苦，那是你去看世界的路"。

也正是曾经触碰过的那些文字，会在不知不觉帮我认识这个世界，悄悄帮我擦去脸上的无知和肤浅。这也是我始终相信文字是有力量的原因，它确确实实温暖过我，成为我的精神支柱，帮我走出了人生困境。

二、第一次改变命运——高考

泉州是有名的鞋业轻工业生产基地，我们那里流行一句话："如果不好好学习，将来都是要到工厂"车鞋子"。

初中毕业，我身边没有读高中的同龄女孩子，基本上都没有逃过这样的命运。等着帮家里干几年活，爸妈就会帮忙物色相亲，找一个同村或隔壁村看起来踏实勤劳的对象结婚。就此以后的人生，都将整日整夜和那些带着浓浓胶水味的鞋子为伴。

因为早期家里的条件并不好，我的两个姐姐，为了贴补家用，在完成了义务教育后，十几岁就去鞋厂里当了车间女工，并且这一做就是近 20 年。

我有时放暑假，也到鞋厂流水线做过帮工，每天机械化地重复同一个动作，承接上游传来的鞋材面料，给这些材料刷胶水，上扣子，三班倒，像一台"不知疲倦"的机器，不停地工作。

身边来往的基本上都是年龄差不多的工友，大家讨论的话题不是张家长就是李家短，那一双双空洞的眼神让我无比恐惧。当时我就暗下决心，一定不要过这样的人生。

庆幸的是，我父母对我们的教育还算"一视同仁"，从小到大，我们听到最多的话就是，"无论是谁，只要你们想读，能考得上，我们就算再苦再难也会把你供出来的"。

对于家里没有矿的孩子来说，高考读书或许就是唯一改变命运的机会。

2008 年，我的一个姐姐当时算是第一个从农村老家考到省会城市 211 高校的大学生，这让我爸扬眉吐气了很久。

我姐姐去到省会城市念书，她回家把在大城市见到的很多我没法想象的东西，兴奋地讲给我们听。那时候，是我第一次意识到读书是真的可以改变命运的。

后来，我和弟弟也都以姐姐为榜样，陆续考上省会城市的一本院校。在几年前，大学教育并未完全普及的时候，这件事几乎成为村里大人们教育他们家孩子用功读书的"典范"。

上了大学，发现身边有从小练习跆拳道，拿到黑带的同学，有人把英语讲得和母语一样流利，甚至别人一口标准的普通话都能让带着浓浓口音的我羡慕不已。

那时候，我就在心底里暗暗下决心：我不想再回农村去面对生活中的鸡毛蒜皮，我想见世面，我想去看更大的世界。我就必须比别人更加努力，才有可能追上别人的水平。

于是，5 年的大学生涯，我像是一棵干渴的小树苗，拼命地汲取着知识的养分，不曾荒废，也不敢荒废，除了自力更生之外，就把大量的时间都花在图书馆里，学习医学、法律双专业知识，阅读各类书籍，一度被图书馆老师调侃："你这是把图书馆当家了吧"。

大学时代，我几乎把所有的时间和精力都放在学习、实习和兼职上。因为我清楚我人生所有的起点，都是要靠我自己。

现实就像一个泥潭，有人选择沉沦苟且，也有人选择跨过泥潭面向远方。你想要选择前者，还是后者，全都由你决定。作为家里没有"矿"的孩子，我人生的一切起点都是靠我自己。当我决定逃离泥潭时，就必须比任何人要坚定，要努力，要一往无前，才可能去改写一个不一样的命运。

三、"到远方去，到远方去，熟悉的地方没有风景"

一个人的视野和格局一旦被打开，就再也回不到原来的状态。

我记得在大学期间，第一次读到路遥的《平凡的世界》，就被书中少安和少平的命运深深吸引住，我当时觉得我们一家就是当代版的"少平"一家的命运。

书中，少安作为家里的长子，自幼便承担起繁重的劳动，以及供弟妹读书的责任，他没有机会走出家乡，去接触不同的人，他眼中的世界仅在双水村，在他家的破烂窑洞里。

而少平在县城读完高中回到双水村当小学老师，他在黑板上写下"世界"二字，不但是写给孩子们，也是写给他自己。

路遥在书中写的那句话，"谁让你读了这么多书，又知道了双水村以外还有个大世界……"见过世界的少平的心不再安于眼前狭小，他觉得自己属于外面更广阔的世界。

不同时代，却是相似的命运，这像极了我姐和我的命运，虽然我姐也是到省会城市上大学读研究生，但她更多的时间都花在专业学习上，几乎不和外面的世界打交道。毕业以后，她顺利进入一家国企单位，过上了家和单位两点一线的生活。

我在大学时期，机缘巧合下结识写作路上的启蒙老师，成为一名学生记者，借由中青报的校媒平台，去到北京、贵州、江西等多个地方，开拓了我的视野，让我看到一个更大的世界，见到不一样的人和事，不一样的人文和生活习惯。

后来我就爱上了行走，在大学期间，我通过做义工、住青旅等方式，足迹遍布小半个中国。有一年，我独自去云南大理旅行了一个多月，那次旅行颠覆我传统的认知，燃起了很多思维火花，对我后来的人生有很大的启发。

当时我在青旅碰到一个 33 岁的青旅老板，在一家医院上班的他，有时候疯狂加班只为了换取每个月可以连续休几天的假期，然后就是一张到了火车站才决定去哪里的火车票。后来，他果断放弃了医院的工作，和喜欢的女孩在大理开了一家青年旅舍。

在他身上，我第一次意识到，原来这个世界上真的有人在过着你想过的生活，既可以朝九晚五，又能够浪迹天涯。

"我喜欢这里的生活，就要努力追求，33 岁正是追求梦想的年纪"。那一句话，对于当时大学刚毕业迷茫的我，真的很有力量，我才二十几岁，为什么不能成为任何我想成为的人，追求自己想要的生活呢？

2016 年大学毕业那年，没有人际关系、没有背景的我，硬是凭借着医学和法律的双专业优势，考上一家国企单位，原以为我也会像我姐那样，过上朝九晚五的安逸生活。

结果，上班两个月以后，按部就班、压抑的生活，让我逐渐失去对生活的热情，变得越来越压抑、颓废。

尤其是看到身边同事眼睛里失去了光芒，一成不变的生活，谈论的不是老公、孩子就是房子、车子，甚至有人勤勤恳恳在一个岗位上整整干了 20 年，最后却患上重病。

"一个有文化、有知识又爱思考的人，一旦失去了自己的精神生活，那痛苦就是无法言语的。"那时候的我特别惶恐，因为他们的现在，也就是我可以预见的 5 年、10 年、20 年……

"到远方去，到远方去，熟悉的地方没有风景"，心底里一直有个声音在提醒着我自己。

最后，我和少平做出了同样的决定：即使碰得头破血流，也要到外面的世界去闯一闯。

当一个人只能长期被封闭在某个小圈子里，就会把这个圈子当成自己人生唯一的参考系。此生最大的愿望，就是在这个小圈子里获得认可。

相反，如果你的世界一直在变，你就会发现，这个世界上美好的东西太多了，有那么多有意思的书要读，有那么多有趣的人要见，有那么多好玩的事要做，有那么多没去过的地方要去，你根本不需要在乎外事、外物、外人对你的评价。

我们每个人心中都有一个梦想。你要做的是不活在任何人设定的框架里，不追随任何人的脚步，寻找到属于自己的诗和远方。至今，我也没有停止过对这个世界的探索，足迹遍布全球 11 个国家和地区，72 座城市。毕竟这个世界有太多的美好，值得我们去发现和追随。就看你敢不敢做更大的梦呢？

四、第二次改变命运——"沪漂"

当勇敢走出去的那一刻，也就是冒险开始的时刻。

为了再次改变命运，我选择考研，开始我的人生探索之旅。

只是后来辞职，接连两次考研的失败，血淋淋的事实，把我最后一丝希望也浇灭了。

前无进路，后无退路，我在老家过了一个最不像年的春节，大年初六，独自揣着 800 元钱，拉着一个 20 寸的行李箱，单枪匹马地踏上"沪漂"之路。

天知道，作为一个从小在小地方长大的农村女孩，我当时是鼓足了多大的勇气，离开生活了二十几年的土地，离开了所有亲人朋友，独自去到一个不知道会待多久，能待多久的陌生城市漂泊。

当时，住过 80 元一晚的床位房，一天吃 20 元钱的快餐，从上海西边挤过高峰地铁到东边去面试过，幸运的是，凭借着在学校积攒下的文字功底，我进入了一家互联网公司，找到一份能养活我自己的工作。

一个人进步最快的时候，就是他失去安全感的时候，他必须克服恐惧依赖和失望，然后从伤痕累累的皮肤上长出刺、长出铠甲。

作为一个互联网小白，我开始拼命去学习，拼命去成长，曾一个人跑到天寒地冻的大东北去出差，经常赶着最后一班地铁回到出租屋，为写不出"10 万 +"的文章焦虑到彻夜难眠，也面临过"被失业"，独自开公司。

在知乎上有一个帖子，为什么那么多人宁愿月薪几千元，上下班挤地铁，除去杂七杂八不剩几个钱，也要去大城市生活呢？

当时有一个高赞的回答，**在这里，人人都有一种英雄主义，他们什么都没有，但愿意去拼、去努力，只为了赌那点儿改变人生的可能性。**

尽管未来，我也不知道是否能在上海这个寸土寸金的土地上一直待下去，但我很感谢这一片土地给了我卓越的追求，卓越的价值感，赋予了我对生命和梦想新的追求。

年轻的时候，其实没什么好犹豫的，人生本来就是一场豪赌，怕输就永远赢不了。

五、出走半生，终将活成自己想要的模样

2022 年是我来上海的第 5 个年头，不敢说自己有多优秀，但我至少逐渐活成自己想要的模样——我喜欢我的事业，做着自己喜欢的事情，还能养活自己；我喜欢我的生活，没有太多应酬，规律吃饭睡觉，偶尔和志同道合的朋友小聚；我喜欢我的脸蛋，虽然并不迷人，不过笑起来露八颗牙还是很灿烂的。

我知道自己想要什么，更无须在意别人的眼光，遇事从容、做事坚定、举止大方，成为自己想要的光，这就是我能想象自己这个年龄阶段最好的状态。

前段时间回家探亲，爸妈也不止一次劝我，"女孩子嘛，还是要收收心，安稳一点比较好"。

可能跟大多数同事的父母一样，我爸妈一辈子都生活在农村小地方，靠双手养活一家老小。他们一直都希望我能听他们的话，回到家乡，去找份稳定的工作，然后相夫教子，安稳地过一生。

我只是笑笑回应，"还年轻，要那么稳定干什么，大不了过几年，混不下去再回来嘛"。其实早在我放弃我原来稳定工作的那一刻，我心里就知道，这辈子恐怕很难再回去了。

回顾这几年的成长，我没有过人的天赋，没有好的家庭背景，也没有令人佩服的学历，有的只是像一颗尘埃，守着自己的光芒，一点点去照亮更大的世界。

就像《平凡的世界》里的孙少平那样，大哥孙少安在家创业烧窑砖曾让他回村里，哥俩儿一起经营村里的事业。

可是少平没有答应和大哥一起回去，而是选择继续留在城里，做一个煤矿工人。因为离开家乡，经历那么多事情以后，他认识到：也许自己一辈子都是个普通人，但他要做一个不平庸的人，在许许多多不平常的事情中，表现出不平常的看法和做法。

在北上广深这些城市里，有太多像你、像我，像"少平"这样平凡的小人物存在，我们都在为各自的人生奋斗着，渴望能创造出不平凡的人生。

和少平所处的时代不同，我们是这个时代的幸运儿。因为如果一个时代、一个国家能够让更多像你我这样的平凡人看到，只要付出聪明勤奋，就能有机会改变命运，而且确实有不少人实现了大规模财富的增长，这是时代的幸运，也是我们的幸运。

每个人的成长都离不开他的背景，而当下的时代和国家，就是我们最牛的背景。

这个时代，既有挑战，也有机遇，每个有梦想的人，都有可能创造出他想要的明天，就像路遥先生说的，**我们每个人的生活都是一个世界**，即使最平凡的人，**也要为他生活的那个世界而奋斗**。

现在我坚定自己的目标，就是能走出去，站在更高的视角去写出真正有价值的文字。

可能尽管当下还在为五斗米而折腰，但内心深处比任何时候都清楚自己未来想要的方向——我可以不优秀、不漂亮，未来成为一名知名作家的概率可能也微乎其微，但我还是愿意无怨无悔为这个目标奋斗。

唯愿出走半生，我们都能活成自己想要的模样。

我们不是害怕 30 岁，
而是害怕 30 岁仍一事无成

再过几个月，我就要 30 岁了。

曾经以为 30 岁离我很遥远，却发现 18 岁已经是很久以前的事情了。

30 岁，这是一个被社会定义为"不再青春"的年龄，在老家的父母亲戚看来，这个尴尬的年纪，隔壁邻居的孩子都会打酱油了，你不结婚，不生子，就是有问题。

在过去的同学朋友看来，别人都找到一份稳定的工作，事业有成，你一个人背井离乡，跑去大城市漂泊，就是一个"异类"。

但在我看来，三十而立，立的是自己的世界观、价值观、人生观，知道自己此生来世间走一遭的目的，而不是简单外界评价里的事业有成、结婚生子。

一、30岁之前，做加法

我曾在朋友圈里发过一条动态，伤感30岁即将来临，有一个上海朋友留言评论，"我30岁了，坎不坎的都跨过去了，前面还有无数坎"。

是呀，二十有二十的烦恼，三十有三十的纠结，四十就会有四十的困惑，一个个问题，种种对未知的不确定性，这是一个无尽的死循环，如果你总是焦虑，甚至恐惧，那么未来还会好吗？

我很喜欢电视剧《三十而已》顾佳的一句话：

"二十岁跟三十岁的区别在哪儿呢？二十岁的时候一切都是向前看的，没什么不敢拼也没什么不敢放弃。可到了三十岁呢，大家都开始着急，买房子存金子生孩子，这些东西都有一个统称，叫作"后路"，这也是很多人的观念。好像三十而立的警钟就会在那天集体爆发，一百条退路，没有一条是向前的。一旦有了这种观念，你说人生还能好吗？咱们现在才30岁，人生的半场还没过完，你有什么不敢拼的呀？"

使人不担心后路的唯一方式，就是要把前路走长。

哪有什么所谓的"三十岁焦虑"，30岁的这一天并不是突然来临，它代表你过去29年的成长，融合你过去一万多天走过的每一步路，看过的每一本书，见过的每一个人。

这也是我会在30岁之前，横跨医学、法律、新闻、互联网四个领域，玩命做加法，去和世界碰撞的原因。因为你不去试一试，你永远不知道自己有多少种可能性，你也不知道命运会给到你怎样的机缘。

我们这代人的一辈子很长，你不知道什么时候能熬到头；但一辈子其实又很短，你永远不会知道，明天和意外哪个先来，相信你也不想等到某一天，才发现想去的地方还没来得及去，想做的事情还没来得及做，想爱的人还没有遇上。

所以，不妨把人生当成一场体验，不念过往，不惧将来，勇敢一点儿，大胆一点儿，尽兴就好。

二、30 岁之后，做减法

当你老了，回首这一生，最后悔的事情是什么？

有人曾对全国 60 岁以上的老人做抽样调查，统计结果排在前两位的分别是：92% 的人后悔年轻时努力不够导致一事无成，73% 的人后悔在年轻的时候选错了职业。

当局者迷，当你面对现实的选择犹豫不决，拿不定主意，学着跳出来，由后往前倒退重新看待自己，或许所有的问题都会迎刃而解。在【人生逻辑大于职业逻辑】篇，我也提到过用"追悼会策划表"，终局思维来思考人生逻辑。

记得在写作本书时，我发起的"天使读者"访谈，有一个访谈者问过我一个问题：当你 60 岁的时候，突然有一天，有人在敲门，你最希望见到谁呢？

我当时脑子立马浮现出一个画面，在 60 岁的时候，我照常坐在我的书桌前写作，听到门铃声，因为保养得不错，身手还算敏捷，快速走过去开门。

打开门，是一个 40 岁左右，西装笔挺，没有见过面的青年人站在门口。

他见到我，问："这是作家胃窦的家吗？"

"是的，请问您有什么事情吗？"我问到。

"您就是作家胃窦老师吧？我是二十几岁看过您写的一本书《30 岁之前，活成你想要的样子》，正是这本书给了当时迷茫的我鼓励和方向。我按照您书中的方法对人生重新做了规划，毕业不久就创业开了自己的公司，今年公司还上市了。我今天是特别来感谢您当年的这本书对我的启发之恩……"

每每想到这个画面，我的内心就有着无比的动力和憧憬。

我何其有幸，在年富力强的时候，就找到了自己的使命，确定自己将为之奋斗一生的事业。

有人说，什么滋养了你，你就拿它滋养更多人；什么拯救了你，你就拿它拯救世界。

在我很小的时候，贫瘠困顿的生活，是那些用生命在写字的人用作品滋养了我，滋养了我的灵魂，给予了处于困顿中的我无比强大的力量。

也是写作拯救了我，让我不至于落入平庸，我也希望这一生有幸能接棒成为用生命在写作的人，就像路遥那一部《平凡的世界》，能够跨越时空，影响无数的人。

也许我的作品，目前还远远达不到这个高度，但只要在我创作的过程中，能有些许光亮，给到后来者一点点启发，照亮他们的路，我觉得这一辈子也就值得了。这也将会是我未来坚持创作的最大动力。

三、致谢

另外，这本书能顺利出版，得到了很多人的支持。在此请允许我真诚地向他们表示感谢：

首先，是我可爱的读者们，他们还给自己取了一个好听的称呼"豆粉"，在我为新书做调研时，他们主动报名"天使读者"访谈，腾出宝贵的时间，跟我分享他们的宝贵故事。

在我开始转型做自媒体时，他们热切和我探讨我的文章内容，分享他们的观点。

有很多读者说我是他们的贵人，"您的故事激励了我，让我看到榜样的力量，从而找到自己的方向"。但你们又何尝不是我的贵人，也正因为有你们的支持，我才能坚持创作到今天。

接着，我想感谢我的家人。虽然我的父母限于学识和认知，给不了我太多的成长指导，但他们教会我做人最基本的善良和真诚。

从小到大，他们一直告诫我们姐弟几人，"只要你们能考得上，我们再苦、再难也会供你们读书"。对于我们这样普通家庭出身的孩子，读书确实是我们唯一改变命运的出路。

并且他们尊重我做出的每一个选择，当初我选择"沪漂"，从来不会用智能手机的母亲，竟然在我独自到上海的那天晚上，给我发来了一个微信视频，只为了看一下我住的地方如何。

当时住在青旅的我，接到视频的那一刻，眼泪都要落下来，在心里暗暗告诉自己，一定要做出成绩回报他们。

还有我的姐姐郭银婷，在我大学那段时间，她给到我非常多成长方面的指导和帮助。

还要感谢我一路上遇到的贵人，我在写作路上的启蒙老师《中国青年报》

的高级记者陈强，大学时拥有医学和法律双博士学位的指导老师杨春治律师，迷茫时给过我指引的陈璐律师、百万主播苏阳阳，到上海之后领我跨专业进入互联网的引路人张海林女士，以及在上海给过我无限关怀的陆天红女士、武长芝女士、丁燕敏女士。

以及一路和我并肩同行的朋友欧皓陈、韦仲磊、Vivian、小眼刚、钟晴、刘景平、武俊平、王红霞、王通通、谢亚倩、朱彩凤等太多好友，在此由衷地向你们说一声"谢谢"。

董卿在《朗读者》里说过一句话，也是我信奉的人生原则：**记住那些帮助过你的人，不要认为一切都是理所应当，然后在你有能力的时候，也尽可能去帮助那些需要帮助的人。**

2022 年，下一个新十年的开端，通过写这本书，让我把过去成长路上的点点滴滴串联起来，复盘一路的心路历程和成长经验，也让我对自我有了更深刻的认知。

三十而立，我希望这本书能成为我写作事业的开端。当四十不惑时，我还可以把下一个十年，见到、听到、思考到的人生感悟，整理成册分享给你们。

未来五十知天命，六十耳顺，我都想和你们有个一生的约定，希望能和更多人一起终身成长，一起用力生活，一起用力去爱，一起活成我们想要的模样，过上我们想要过的人生。

感谢这个时代，让我们有机会尽情追逐自己的梦想，而不是迫于生计困于方寸之间，这是时代赋予我们最好的礼物。

本书中提到的思维模式，我也做了汇总，读者朋友们可以关注微信公众号【胃窦 Elaine】，回复"思维模型"，即可获取。如果你有任何想法，也可以到公众号获取我的私人联系方式，留言分享你的思考。

我的贵人说过一句话："**当你找到通往新世界的钥匙，记得画一份地图，让更多人也能打开那扇大门**"。

如今，经过这十年的摸索，我把这份地图画出来，希望它也能带你通往新世界。同时，如果你觉得本书有用的话，请你把这本书推荐给身边的人，和我一起去点亮更多的生命。

愿我们每一岁都能奔走在自己的热爱里——致敬即将到来的 30 岁。

胃　窦

写于上海 2022 年 1 月

推荐阅读书单

定位篇

1. 路遥. 平凡的世界 [M]. 北京：北京十月文艺出版社，2017.

2.[美] 比尔·博内特，戴夫·伊万斯. 斯坦福大学人生设计课 [M]. 周芳芳，译. 北京：中信出版社，2017.

3. 老喻. 人生算法：用概率思维做好决策 [M]. 北京：中信出版集团，2020.

思维篇

1.[美] 芭芭拉·明托. 金字塔原理 [M]. 汪洱，高愉，译. 海口：南海出版公司，2019.

2.[美] 彼得·考夫曼. 穷查理宝典 [M]. 李继宏，译. 北京：中信出版集团，2021.

3.[美] 卡罗尔·德韦克. 终身成长 [M]. 楚祎南，译. 南昌：江西人民出版社，2017.

4.[美] 丹尼尔·卡尼曼. 思考，快与慢 [M]. 胡晓姣，李爱民，何梦莹，译. 北京：中信出版社，2012.

5. 古典. 拆掉思维里的墙 [M]. 北京：北京联合出版社，2010.

学习篇

1. 张萌. 人生效率手册 [M]. 长沙：湖南文艺出版社，2019.

2. 孙圈圈. 请停止无效努力：如何用正确的方法快速进阶 [M]. 北京：团结出版社，2017.

3.[美] 安德斯·艾利克森、罗伯特·普尔 . 刻意练习：如何从新手到大师 [M]. 王林正，译 . 北京：机械工业出版社，2016.

人际篇

1.[美] 马修·利伯曼 . 社交天性 [M]. 贾拥民，译 . 杭州：浙江人民出版社，2016.

2.[美] 基思·法拉奇 . 别独自用餐 [M]. 施宇光，译 . 北京：世界知识出版社，2010.

3.[澳] 朗达·拜恩 . 秘密 [M]. 谢明宪，译 . 北京：中国城市出版社，2008.

认知篇

1. 梁宁 . 产品思维 30 讲 . 得到课程 . 得到 App，2018.

2. 曾鸣 . 智能商业 [M]. 北京：中信出版集团，2018.

3.[德] 博多·舍费尔 . 财务自由之路 [M]. 刘欢，译 . 北京：现代出版社，2017.

4.[美] 詹姆斯·卡斯 . 有限与无限的游戏 [M]. 马小悟，余倩，译 . 北京：电子工业出版社，2019.

工具篇

1.[美] 克里斯蒂娜·沃特克 . OKR 工作法：谷歌、领英等公司的高绩效秘籍 [M]. 明道团队，译 . 北京：中信出版社，2017.

2. 郑强 . 复盘思维：用经验提升能力的有效办法 [M]. 北京：人民邮电出版社，2019.

3.[美] 阿图·葛文德 . 清单革命：如何持续、正确、安全地把事情做好 [M]. 王佳艺，译 . 杭州：浙江人民出版社，2012.

读 者 意 见 反 馈 表

亲爱的读者：

感谢您对中国铁道出版社有限公司的支持，您的建议是我们不断改进工作的信息来源，您的需求是我们不断开拓创新的基础。为了更好地服务读者，出版更多的精品图书，希望您能在百忙之中抽出时间填写这份意见反馈表发给我们。随书纸制表格请在填好后剪下寄到：北京市西城区右安门西街8号中国铁道出版社有限公司大众出版中心 张亚慧收（邮编：100054）。或者采用传真（010-63549458）方式发送。此外，读者也可以直接通过电子邮件把意见反馈给我们，E-mail地址是：lampard@vip.163.com 。我们将选出意见中肯的热心读者，赠送本社的其他图书作为奖励。同时，我们将充分考虑您的意见和建议，并尽可能地给您满意的答复。谢谢！

所购书名：＿＿＿＿＿＿＿＿＿＿＿＿＿＿＿＿＿＿＿＿＿

个人资料：

姓名：＿＿＿＿＿＿＿＿ 性别：＿＿＿＿＿＿ 年龄：＿＿＿＿＿＿ 文化程度：＿＿＿＿＿＿＿＿

职业：＿＿＿＿＿＿＿＿＿ 电话：＿＿＿＿＿＿＿＿ E-mail：＿＿＿＿＿＿＿

通信地址：＿＿＿＿＿＿＿＿＿＿＿＿＿＿＿＿＿ 邮编：＿＿＿＿＿＿＿

您是如何得知本书的：

□书店宣传 □网络宣传 □展会促销 □出版社图书目录 □老师指定 □杂志、报纸等的介绍 □别人推荐
□其他（请指明）

您从何处得到本书的：

□书店 □邮购 □商场、超市等卖场 □图书销售的网站 □培训学校 □其他

影响您购买本书的因素（可多选）：

□内容实用 □价格合理 □装帧设计精美 □带多媒体教学光盘 □优惠促销 □书评广告 □出版社知名度
□作者名气 □工作、生活和学习的需要 □其他

您对本书封面设计的满意程度：

□很满意 □比较满意 □一般 □不满意 □改进建议

您对本书的总体满意程度：

从文字的角度 □很满意 □比较满意 □一般 □不满意
从技术的角度 □很满意 □比较满意 □一般 □不满意

您希望书中图的比例是多少：

□少量的图片辅以大量的文字 □图文比例相当 □大量的图片辅以少量的文字

您希望本书的定价是多少：

本书最令您满意的是：

1.
2.

您在使用本书时遇到哪些困难：

1.
2.

您希望本书在哪些方面进行改进：

1.
2.

您需要购买哪些方面的图书？对我社现有图书有什么好的建议？

您更喜欢阅读哪些类型和层次的书籍（可多选）？

□入门类 □精通类 □综合类 □问答类 □图解类 □查询手册类 □实例教程类

您在学习计算机的过程中有什么困难？

您的其他要求：